COLLECTIONS IN-8 ILLUSTR[É…]
(RAISIN 25 × 16)

CATALOGUE GÉNÉRAL

DU

MUSÉE DE SCULPTURE COMPARÉE

AU

PALAIS DU TROCADÉRO

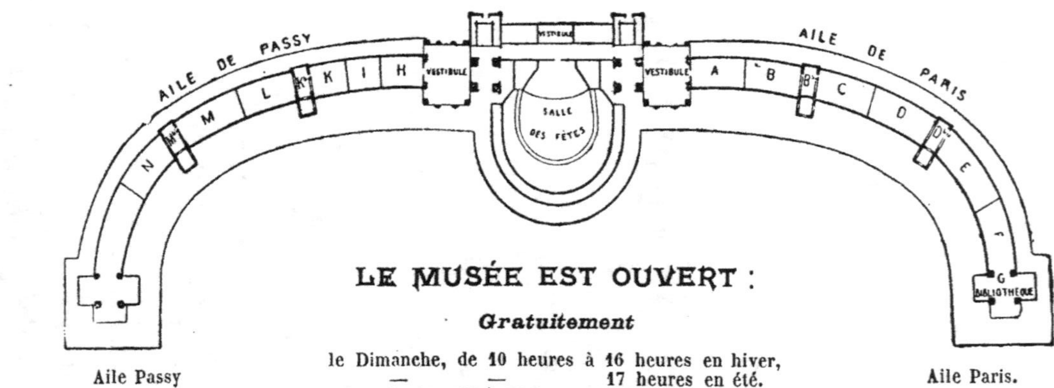

LE MUSÉE EST OUVERT :

Gratuitement

le Dimanche, de 10 heures à 16 heures en hiver,
— — 17 heures en été.
le Jeudi, de midi à 16 heures en hiver,
— — 17 heures en été.

Avec taxe de 1 franc (par aile)

le Mardi, de 1 heure à 16 heures en hiver.
— — 17 heures en été.
le Mercredi, de 10 heures à 16 heures en hiver.
— — 17 heures en été.
le Jeudi de 10 heures à midi.
le Vendredi, de 10 heures à 16 heures en hiver,
— — 17 heures en été.
le Samedi, de 10 heures à 16 heures en hiver,
— — 17 heures en été.

Le Musée est fermé : Tous les Lundis ; le
1er Janvier, le 14 Juillet, le lendemain de l'Ascension,
le 15 Août, le 1er Novembre, le 25 Décembre, à moins
que ces fêtes ne tombent un Dimanche.

Aile Passy

—

Galerie Principale.

Salle H — XIIe
— I — XIIe. XIIIe
— K — XIIe à XIVe
— K bis — XIIIe à XVe
— L — XVe. XVIe
— M — XVe. XVIe
— M bis — XVIe. XVIIIe
— N — XVIIe à XIXe

Galerie extérieure.

Antiquité, Epoques g.-r., chrétienne, mérovingienne, carolingienne.
Section d'Architecture. (Réductions.)
Vitraux français du XIIIe au XVIe siècle.

Aile Paris.

—

Galerie principale.

Salle A — XIIe
— B — XIIIe. XIVe.
— B bis — XIIIe à XVe.
— C — XIIIe à XVe.
— D — XVe. XVIe.
— D bis — XVIe. XVIIe.
— E — XVIIe XVIIIe.
— F — XIe à XVIe.
— G — Bibliothèque.

Galerie extérieure.

Sculpture étrangère XIIe à XVIe siècle.

CATALOGUE GÉNÉRAL

DU

USÉE DE SCULPTURE COMPARÉE

AU

PALAIS DU TROCADÉRO

(Moulages)

par

Camille ENLART
Membre de l'Institut
r. du Musée de Sculpture comparée

Jules ROUSSEL
Conservateur
du Musée de Sculpture comparée

NOUVELLE ÉDITION

32 PLANCHES D'APRÈS LES CLICHÉS LEVY-NEURDEIN

III

FRANCE

Renaissance -- Temps modernes

ÉTRANGER

HENRI LAURENS, ÉDITEUR
6 RUE DE TOURNON, PARIS

1928

Le Catalogue Général du *Musée de Sculpture comparée du Trocadéro*, comprend 3 fascicules contenant les neuf Divisions du Musée. A chaque Division correspond une lettre de A à I. Les œuvres de chaque Division ont un numérotage indépendant.

FASCICULE I

FRANCE

FASCICULE II

FRANCE

FASCICULE III

FRANCE

ÉTRANGER

RENAISSANCE

Au musée d'Amiens.

F 1. — *Bas-relief. La Madeleine.*

Dans un cadre formé de pilastres et d'un entablement décorés de rinceaux, de feuilles d'acanthe, d'oves et de perles — très empreints d'italianisme — la Madeleine à mi-corps, de profil à droite, tenant un vase de parfums. Sa coiffure et ses vêtements, fort riches, sont un mélange des modes de l'époque et du costume conventionnel de l'Antiquité.

La provenance de la pierre — de la Faloise — démontre que ce bas-relief a été exécuté en Picardie.

1er quart du xvie siècle. Hr 0 m. 62; Lr 0 m, 55.

F 2. — *Bas-relief trouvé au cours de fouilles exécutées dans le faubourg St-Fuscien.*

Combat de cavaliers et de piétons nus, ou costumés à l'antique. xvie siècle. Hr 0 m. 47; Lr 0 m. 75.

F 3. — *Bas-relief.*

Rinceaux dont l'un se termine par une tête feuillue. xvie siècle. Hr 0 m. 40.

F 4. — *Bas-relief. Tête de jeune homme.*

De profil à droite, imberbe, les cheveux longs, coiffé d'un bonnet de clerc ou de docteur. Hr 0 m. 40.

L'observation faite pour le bas-relief de la Madeleine peut également s'appliquer à ces divers fragments. xvie siècle.

F 5. — *Médaillon d'Antoine de Lannoy.*

> De profil à droite, imberbe, tête nue, les cheveux longs. En exergue : *Antoine, seigneur de Lannoi Cappitaine du Palais de Gênes lan 1508.*
> Commencement du XVI° siècle.   Marbre. D. 0 m. 24.

Château d'Anet.

F 6. — *Vasque de fontaine.*

> Le piédouche et la bordure de cette vasque, de forme circulaire, sont décorés de mascarons, de feuillages, de coquillages et de dauphins en faible relief.
> Milieu du XVI° siècle.   D. 2 m. 03 ; H^r 0 m. 83.
> *(Don de M. Morand).*

F 6¹ — *Statue funéraire agenouillée de Diane de Poitiers, Duchesse de Valentinois. († 1566).*

> Le tombeau de Diane de Poitiers, élevé dans la Chapelle du Château d'Anet, fut détruit à la Révolution. Ses débris, dispersés, furent en partie recueillis par le Musée des Monuments français. Ils furent ensuite transportés à Neuilly et de là à Versailles où ils sont incorporés actuellement dans une restitution très hypothétique.
> Il a paru intéressant de rapprocher les deux effigies de Diane de Poitiers, celle de Rouen, où, en costume de deuil, la veuve de Louis de Brézé, semble se dérober modestement derrière des colonnes, et celle d'Anet, où, la maîtresse de Henri II apparaît et domine dans tout l'éclat de ses vêtements d'apparat. Cette œuvre est anonyme. Son attribution à Nicolas Boudin ne saurait être maintenue : Né dans la seconde moitié du XVI° siècle, Nicolas Boudin était trop jeune pour exécuter entre 1566 et 1577 un pareil monument.   H^r 1 m. 44

Hôtel Pincé, à Angers.

F 7. — *Fragments divers.*

> Frises, pilastres, dais, chapiteaux, médaillons, etc.
> *(Don de M. Désiré Bloche, sculpteur).*

Château d'Assier (Lot).

F 7¹ — *Trois pilastres.*

> Dans le décor classique des arabesques, des grotesques

et des divinités mythologiques (Hercule et Vénus), s'inscrivent des étendards, des trophées et des armoiries ayant
pour tenants des génies et des lévriers. Sur un cartouche
« *Galliot* », rappelant que le château fut construit par le
grand maître de l'Artillerie, Galliot de Genouillac († 1548).
H^r 1 m. 62. L^r 0 m. 21   (*Don de M. Martini*).

Cathédrale d'Auch.

F 7^2 — *Accoudoir de stalle.*

Grotesques et arabesques. — Petite figure assise accou-
dée.

Œuvre, en grande partie anonyme, les stalles d'Auch
commencées avant 1520, sous l'épiscopat de François de
Clermont-Lodève, ne furent terminées qu'en 1551 par
Dominique Bertin.   H^r 0 m. 75 L^r 0 m. 60.
Bois de noyer.   (*Don de M. Chapot, sculpteur*).

Fontaine Saint-Lazare à Autun.

F 8. — *Mascarons de l'entablement.*

Têtes d'enfants grimaçantes, adornées d'ailes ou de
feuillages ramenant la composition décorative au carré.
Jean de Lespine. — H^r 0 m. 18 (1543).
          (*Don de M. D. Bloche*).

Château d'Azay-le-Rideau.

F 9. — *Fragments d'ornementation.*

1re moitié du XVIe siècle.

Cathédrale Saint-Pierre, de Beauvais.

F 10. — *Porte du bras méridional du transept, par Jean
Le Pot.*

(*Voir E. 25.*)

Cette porte est formée de deux baies, à arc surbaissé,
séparées par un trumeau auquel était adossé, avant 1793,
une statue de saint Pierre. Le trumeau et les pieds-droits
sont ornés de moulures de profil très évidé, de frises de
feuillage et de dais ajourés de style flamboyant.

Les vantaux sont l'œuvre de Jean Le Pot, sculpteur, né

à Saint-Fuscien aux Bois près Arras, mort en 1563. Ils présentent deux champs superposés : le champ inférieur décoré de motifs de peu de relief, le champ supérieur, de scènes en haut-relief. Ces champs sont divisés dans le sens de la hauteur par des colonnettes engagées, en forme de balustres, servant de piédestaux à quatre petites figures très mutilées.

Les panneaux inférieurs sont couverts d'arabesques, de mascarons et de salamandres. Dans la partie supérieure, à droite, la Conversion de saint Paul ; à gauche, la Guérison du boiteux, par saint Pierre.

1° A cheval, accompagné d'une nombreuse suite, Paul se rend à Damas, lorsqu'entendant la voix du Christ et le voyant apparaître entouré de rayons, il tombe la face contre terre et frappé de cécité. — A pied, il est conduit vers la ville par ses compagnons. — Grâce à ses disciples, il peut échapper à ses ennemis, en descendant des remparts dans une corbeille.

2° En présence d'une nombreuse assistance, l'apôtre Pierre guérit un boiteux assis à la porte du temple. Le temple est ici représenté par une église flamboyante entourée d'édifices de la Renaissance, dont l'un présente une porte surmontée d'une accolade italienne à ressauts.

Ces diverses scènes sont abritées sous des dais surmontés de portiques couronnés de lanternons.

Pierre. Bois. — H^r de la porte 8 m ; L^r 5 m. 90. H^r d'un vantail 6 m. ; L^r 2 m.

F 11-12. — *Frises décorant les faces intérieures des vantaux.*

Arabesques composées de rinceaux de feuillage, de génies et de chimères.

Deuxième quart du XVIe siècle. — Bois.

H^r 2 m. ; L^r 0 m. 40.

Maison du Pilier royal, place de l'Hôtel-de-Ville, à Beauvais.

F 13-14. — *Fût de colonne et chapiteau.*

Le fût est couvert de fleurs de lys comprises dans les mailles d'un réseau en losange et timbré à sa partie supérieure, de huit écussons : armes du Dauphin de France, armes royales, de Beauvais, de Bourbon-Condé, de la reine Anne de Bretagne, de France, de Pajot.

La corbeille du chapiteau est ceinte d'une couronne fleurdelisée.

F. 10. — CATHÉDRALE DE BEAUVAIS
Bras méridional du transept. Vantail, par Jean Le Pot (XVIᵉ *siècle*).

F. 44. — ÉGLISE SAINT-PIERRE DE CAEN.
Couronnement d'une fenêtre de l'Abside (*première moitié du XVIᵉ siècle*).
F. 274-275. — CATHÉDRALE SAINT-ÉTIENNE DE SENS.
Bas-reliefs du tombeau d'Antoine Duprat (✝ 1535) (*deuxième quart du XVIᵉ siècle*).

F. 57. — HOTEL D'ESCOVILLE A CAEN.
David (XVI° *siècle*).

F. 91. — CATHÉDRALE D'ÉVREUX.

Clôture d'une chapelle du chœur (XVIe *siècle*).

Elevée en 1268, la maison du Pilier fut transformée de 1505 à 1508, par André Pajot, élu pour le roi en la ville de Beauvais.

Commencement du xviᵉ siècle.   D. 0 m. 65.

F 15. — *Statuette de Jules César, conservée au Musée de* **Besançon.**

Lauré, il porte une cuirasse à lambrequin. Les bras et la partie inférieure du corps manquent.

Cette statuette de la Renaissance est inspirée d'un original antique.

Bronze. — Hʳ 0 m. 25.   (*Don du Musée de Besançon*).

Château de Blois.
Escalier François Iᵉʳ.

F 16. — *Couronnement d'une porte.*

F 17. — *Caissons.*

F 18. — *Fragments d'ornementation.*

Aile François Iᵉʳ.

F 19. — *Fragments d'ornementation.*

F 20. — *Fragments déposés.*

Cathédrale Saint-André de Bordeaux.

F 21. — *Sainte Anne et la Vierge.*

Groupe adossé au 3ᵉ pilier à droite du chœur.
xviᵉ siècle.   Hʳ 1 m. 12.

Église Saint-Laurent de Bouilly-Roncenay.

F 22-24. — *Trois petits bas-reliefs, encastrés au-dessous des tableaux du rétable.*

Naissance, vie et martyre de saint Laurent, ou de saint Vincent. Ces deux saints étaient également honorés à Bouilly et leurs légendes sont analogues.

Milieu du xviᵉ siècle.   Hʳ 0 m. 30 ; Lʳ 0 m. 52.

Hôtel Lallemant à Bourges.

F 25. — *Cour d'honneur. — Porte de la tourelle.*

Petite porte en anse de panier. Montants formés de colonnes engagées ornées de candélabres et de rinceaux. Linteau décoré d'arabesques. Fronton triangulaire cou ronné d'une sphère enflammée, emblème qui se retrouve dans d'autres parties de l'édifice. Au milieu, un médaillon, homme barbu de profil, casque et cuirasse de fantaisie.

Paribus fili Priam rex Treciien magnam

F 26. — *Souche d'échauguette.*

Encorbellement de moulures aux ornements classiques (oves, feuilles d'acanthe, etc.), amorti par deux figures superposées d'échelle très différente. La plus grande, est un fou, tenant une marotte et un petit animal.

F 27-30. — *Motifs décoratifs de fenêtres.*

Angles supérieurs : Moulures en pénétration, sommiers (sirène se regardant dans un miroir, homme sauvage sortant d'une coquille d'escargot et tenant un bouclier à tête de Méduse. — Moulures en pénétration, écoinçon de feuillage.
Moulures en pénétration, feuillages.

F 31. — *Motif décoratif d'angle saillant.*

Personnage en costume de fantaisie, tenant un broc.

F 32-33. — *Médaillons.*

Inscrites dans une coquille, une tête d'homme, une tête de femme criant.

F 34. — *Partie de la fenêtre de la chapelle et de la porte donnant accès dans la cour.*

La colonne de la porte est engagée et ornée de cannelures torses, le chapiteau, de feuillages et de dauphins.
Le soubassement de la fenêtre, de feuilles d'acanthe, de denticules et de rosettes.
La fenêtre est divisée par un fenêtrage de tracé gothique. La colonne qui l'encadre est couverte d'un réseau de losanges de feuillages.

F 35. — *Fenêtre de la 2e cour.*

Les pilastres des montants sont décorés de candélabres de rinceaux et de dauphins. L'entablement, d'ornements classiques (feuilles d'acanthe, perles, etc.).

F 36-42. — *Escalier. — Motifs décoratifs (Angles rentrants, etc.)*

Un fou à mi-corps coiffé d'un bonnet à oreilles.
Personnage à mi-corps sonnant de la trompe.
Personnage en costume de fantaisie tenant une guirlande.
Un fou présentant un livre ouvert à un singe.
Personnage accroupi déroulant un phylactère.
Personnage à mi-corps tenant une fiole à long col.
Petite figure présentant son postérieur.
La famille Lallemant, originaire d'Allemagne, s'établit à Bourges au XIIIe siècle.
L'hôtel qui porte leur nom fut construit à la fin du XVe siècle et décoré dans le premier quart du XVIe.

Cathédrale Saint-Etienne de Bourges.

F 43. — *Colonne adossée au trumeau d'une porte de la* Façade ouest.

Le fût est décoré d'un réseau de losanges ornés de feuillages et de mascarons tenant des chutes de fruits.
La corbeille du chapiteau, d'animaux fabuleux.
Cette colonne supportait une statue de la Vierge (disparue), exécutée en 1515 par Nicolas Poyson.
XVIe siècle.   Hr 2 m. 85.

F 43¹. — *La Charité.*

Groupe provenant de **Bouixères-aux-Dames** (Meurthe-et-Moselle), attribué à Ligier Richier ou à son école.
          Hr 0 m. 60.   (*Don de M. Gombault.*)

Église Saint-Pierre de Caen.

F 44. — *Couronnement de la fenêtre principale de* l'Abside.

Figures et arabesques.   Hr 3 m. 50 ; Lr 2 m.

F 45. — *Pinacle couronnant un contrefort de l'*ABSIDE.

> Formes inspirées de celles des candélabres antiques, analogues aux silhouettes des poteries normandes vernissées
>
> Hᵣ 9 m. 20 ; Lᵣ 3 m. 90.

F 46. — *Couronnement d'une porte d'une* CHAPELLE DU BAS-COTÉ NORD.

> Bas-relief rectangulaire. Génies et grotesques.
>
> Hᵣ 0 m. 70 ; Lᵣ 1 m. 30.
>
> L'abside de Saint-Pierre de Caen est l'œuvre de l'architecte Hector Sohier et date de la première moitié du XVIᵉ siècle.

Eglise Notre-Dame de Froide-Rue de Caen. (actuellement Saint-Sauveur).

F 47. — *Fragment d'une frise décorant l'intérieur d'une des* ABSIDES.

> Mascarons et arabesques.
> XVIᵉ siècle.   Hᵣ 0 m. 42 ; Lᵣ 1 m. 45.

Manoir des gens d'armes, à Caen.

F 48-56. — *Médaillons décorant les parois d'une tour.*

> De profil à gauche, une femme respirant une fleur ; sur la bordure l'inscription : *Pudicicia vincit amorem.*
> De profil à gauche, un homme casqué et barbu, *Mors vincit pudiciciam.*
> De profil à droite, dans une guirlande de chêne, un homme casqué et barbu.
> De profil à gauche, une femme dans une guirlande de lauriers.
> Dans une guirlande de pampres, un Janus tricéphale. *Janus.*
> De profil à droite, un homme casqué et barbu, dans une cordelière.
> De profil à gauche une femme dans une guirlande de chêne.
> De profil à droite, un personnage imberbe, à longs cheveux, casqué : *Amor vincit mortem.*
> Dans une guirlande une tête barbue et laurée, en fort relief, de trois quart à gauche.
> Les légendes qui accompagnent ces médaillons sont inspirées par le poème de Pétrarque, *les Triomphes*, où le

Poète dit la puissance de l'Amour, de la Chasteté, de la Mort, de la Gloire, du Temps, de l'Eternité.

La construction du Manoir des gens d'armes appelé autrefois Château de Calix, Hôtel de Nollent, peut être attribuée à l'architecte Abel le Prestre, l'auteur de la maison de Pierre de Cahaignes, dont la décoration est analogue.

Premier quart du XVIᵉ siècle   Hʳ 0 m. 75 à 0 m. 80.

Hôtel d'Escoville, à Caen.

F 57. — *Trumeaux séparant les fenêtres de la cour.*

Chaque trumeau est formé de deux ordres composites superposés.

Dans une niche comprise entre les colonnes de l'ordre inférieur, David debout, tenant la tête de Goliath.

Entre les colonnes de l'ordre supérieur, au-dessus d'un bas-relief représentant l'enlèvement d'Europe, un écu ayant deux génies comme tenants, timbré d'un heaume à trophées, est soutenu à l'aide de rubans par un homme dont la tête apparaît au milieu de l'entablement.

Hʳ 10 m. 80 ; Lʳ 3 m. 45.

F 58. — *Statue.*

Judith debout tenant la tête d'Holopherne.   Hʳ 3 m. 25.

F 59. — *Bas-relief.*

Persée délivrant Andromède.   Hʳ 0 m. 75 ; Lʳ 1 ′m. 50.

F 60-61. — *Chapiteaux.* .

Feuilles d'acanthe et figurines.   Hʳ 0 m. 47.

F 62-63. — *Consoles supportant une corniche au-dessus de la porte d'entrée.*

Mascarons et feuillages.
Commencé en 1538.   Hʳ 0 m. 45 ; Lʳ 0 m. 30.

Ancien Hôtel E. Duval de Mondrainville ensuite Hôtel des Monnaies à Caen.

F 64. — *Chapiteau d'une colonne de la cour.*

Terminé en 1534.   Hʳ 1 m. 28 ; Lʳ 0 m. 85.

Château de Chambord.

F 65. — *Petite porte.*

Les caissons supérieurs sont ornés de la Salamandre et de l'initiale couronnée du roi François Ier.
(Don de M. V. Desbois architecte).
Bois.   H^r 2 m. 80 ; L^r 1 m. 60.

F 66. — *Série de fragments d'ornementation.*

Caissons ornés de la Salamandre, de la Cordelière, de la lettre F couronnée et de semis de fleurs de lys.
Le château fut commencé en 1526.

F 66¹ — *Anse d'une cloche de* **l'église Saint-Nazaire de Carcassonne (Aude).**

A la partie saillante, une tête d'homme imberbe, grimaçante et criante, le front ceint d'un bandeau.

F 66² — *Date de cloche.*

MDLXX
Lettres en relief ornées de feuillage, inscrites dans des rectangles séparés par des fleurs de lys.
(Don de M. Lefèvre Mansart de Sagonne).

Château de la Carte (Indre-et-Loire).

F 66³ — *La Vierge et l'Enfant.*

Ecole de Michel Colombe.   H^r 1 m.
Terre cuite.   *(Don de M. P. Duché.).*

Chapelle du château de Chantilly.

F 67. — *Bas-reliefs attribués à Jean Goujon* (+ 1572) *provenant de la chapelle d'Ecouen.* (soubassement de l'autel principal).

Les grands panneaux rectangulaires présentent en bas-relief, les figures des quatre évangélistes, des cartouches aux armes des Montmorency et des têtes de chérubins.
Ces bas-reliefs sont séparés par des pilastres cannelés et trois figures des Vertus Théologales.

Aux extrémités, deux Victoires en forme de gaîne, portent l'épée et le bâton de connétable.

Milieu du XVIᵉ siècle.   H^r 0 m. 95 ; L^r 5 m. 35.

Cathédrale Notre-Dame de Chartres.

Cloture du chœur.

F 68. — *Bas-relief de la 14ᵉ travée.*

La fuite en Egypte, par François Marchand.

Le livre des Marchés du Chapitre fait connaître qu'après 1542, le maistre imagier d'Orléans fut chargé de représenter « l'hystoire de la fuyte d'Egypte, qui sera de basse taille et à demye bosse ..... »

Montée sur un âne, Marie porte l'Enfant dans ses bras. Joseph tient le licou, et au bout de son bâton, un léger bagage. Trois anges apportent des fruits. Au fond, une idole renversée et la poursuite des fugitifs.

H^r 1 m. 45 ; L^r 1 m. 45.

F 69. — *Statuette.*

Femme debout, drapée, tenant un livre ouvert à la main. Figure allégorique indéterminée.   H^r 0m.5 0.

F 70. — *Bas-relief de soubassement.*

Séparés par un pilastre orné de grotesques, deux médaillons circulaires, inscrits dans des losanges cantonnés de tête d'angelots.

Dans le premier, David à Nobé, costumé en guerrier, descend de cheval et reçoit du grand-prêtre Achimelech les trois pains de proposition.

Dans le deuxième, une scène de signification indéterminée. Assisé sur un âne, une femme, le bras droit levé. Devant elle, le glaive au côté, le haut du corps et les jambes nus, coiffé d'un chapeau à plume, un homme est debout, tenant d'une main un étendard, présentant de l'autre une coupe.

Au fond une forêt, à gauche, une fontaine.

Sur un cartouche du pilastre, la date mutilée 1528 (?)

H^r 1 m. ; L^r 1 m. 60.

F 71-72. — *Médaillons de soubassement.*

Séparés par un pilastre orné de trophées, deux médaillons circulaires. Sur l'un, un buste de femme de profil à droite, sur l'autre, un buste d'homme de profil à gauche *Néron le cruel César*.

Un buste d'homme de profil à droite.

F 73-77-78. — *Montants d'arcatures.* — *Fragments.*

Arabesques, grotesques, feuillages, figurines, médaillons, coquilles de l'ordre de Saint-Michel. Sur plusieurs de ces montants, les dates 1521, 1529. Sur l'un, la lettre F couronnée et une suite de blasons, où l'on distingue ceux de France et de Bretagne.　　　　　XVIᵉ siècle.
Voir Gothique flamboyant.

EDICULE DE L'HORLOGE.

F 79. — *Fragment de frise.*

XVIᵉ siècle.

Château de Châteaudun.

F. 80. — *Fragments divers.*

Consoles, détails d'ornementation.　　　XVIᵉ siècle.
(*Don de M. D. Bloche*).

F. 81. — *Statuette de Vierge de Calvaire de provenance indéterminée* (**Coulommiers?**).

La Vierge joint les mains dans un geste de douleur.
(*Don de M. l'abbé Cousin*).
XVIᵉ siècle.　　　　　　Hʳ 0 m. 47.

Palais de Justice de Dijon.

F. 82. — *Porte de la chambre du Scrin (archives) exécutée en 1583, par Hugues Sambin.*

Abrité sous une archivolte ornée de postes et de cosses, le panneau supérieur, en forme de tympan, est décoré de trophées guerriers accompagnés d'un lion et d'une autruche. Parmi les trophées du panneau central, figurent des livres, des plumes, et des écritoires rappelant la destination de la salle.

Sur la traverse supérieure, un dessin courant, aujourd'hui buché, était formé de fleurs de lys et d'hermines de Bretagne. Sur la traverse centrale, un œil ouvert, trois médaillons et trois fleurs de lys buchées.
(*Musée de Dijon*).
Quatrième quart du XVIᵉ siècle.
Bois. — Hʳ 2 m. ; Lʳ 0 m. 87.

F. 97. — CHAPELLE DU CHATEAU DE GAILLON.
Saint Georges, par Michel Colombe (1508-1509).

F. 1011. — ÉGLISE DE GÉNICOURT-SUR-MEUSE (MEUSE).
Statue de sainte Madeleine, dite la Châtelaine (XVIe *siècle*).

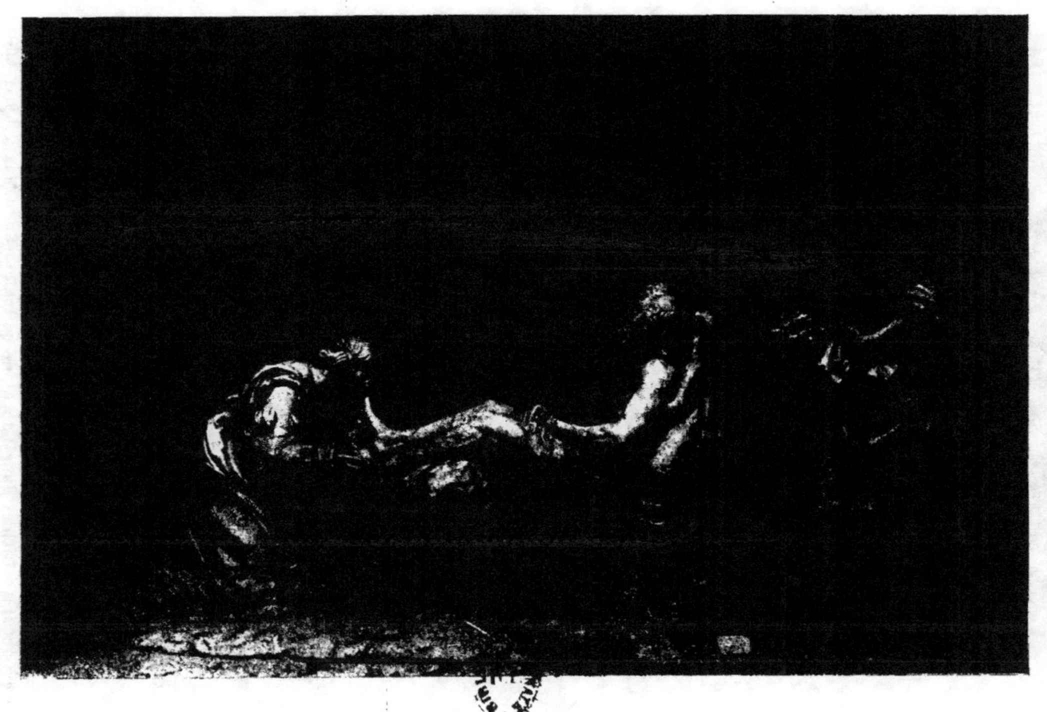

F. 130. — ÉGLISE SAINT-ÉTIENNE DE SAINT-MIHIEL.

L'ensevelissement du Christ, par Ligier Richier (XVIᵉ *siècle*).

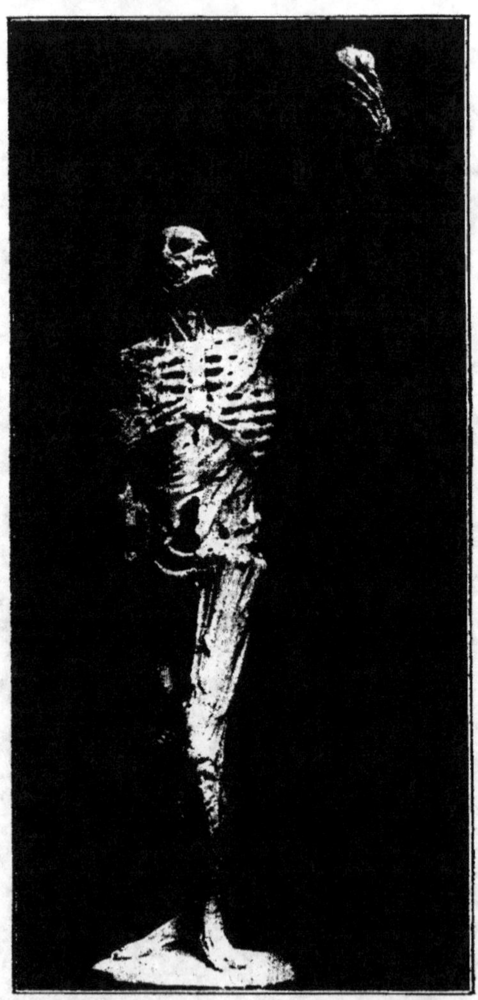

F. 104. — LA MORT, statue provenant du tombeau de René de Châlons,
élevé par Ligier Richier dans l'ancienne collégiale Saint-Maxe, à BAR-LE-DUC,
conservée dans l'église Saint-Pierre (*milieu du* XVIe *siècle*).

Église Saint-Michel de Dijon.

F. 83. — FAÇADE OCCIDENTALE. *Console du portail central.*

Placée en avant du trumeau, cette console servait anciennement de support à une statue de saint Michel, brisée lors de la Révolution.

Exécutée en pierre dure, elle offre en plan la forme d'un fer à cheval et présente une suite de niches, de frises et de pendentifs couverts d'un décor traité avec une minutie extrême, curieux mélange de sujets profanes et sacrés.

A côté des figures de la Paix, de Mercure, d'Apollon, de Vénus et de l'Amour, de Méléagre, se voient en effet Judith tenant la tête d'Holopherne, le jugement de Salomon, saint Jean prêchant et montrant l'Agneau, l'apparition de Jésus à Madeleine, et au-dessous, Nessus et Déjanire, Jupiter et Léda, Jupiter et Ganymède, Jason et le Dragon, Hercule et les bœufs de Géryon. — Le tout encadré de frises et de pilastres chargés d'arabesques, d'animaux, de génies et d'emblèmes.

XVI⁰ siècle (vers 1537).   Hᵣ 0 m. 80; Lᵣ 0 m. 55.

Château d'Ecouen.

F. 84. — TERRASSE. — *Bas-relief décorant le fronton de l'avant-corps.*

Encadré d'un collier, un écu timbré d'un heaume à lambrequins, a pour tenants deux figures de femmes ailées assises sur des trophées d'armes et portant l'épée de connétable.   Hᵣ 3 m. 50; Lᵣ 4 m. 25.

F 85. — *Fragments de la corniche supérieure du fronton de l'avant-corps.*

Hᵣ 0 m 50; Lᵣ 0 m. 75.

F. 86. — COUR D'HONNEUR. — *Couronnement d'une lucarne.*

Edicule à fronton, accosté de deux fausses lucarnes géminées abritant un écu ayant pour tenants deux angelots debout sur des mains portant l'épée du connétable.

Au-dessus, un troisième angelot présentant un cartouche, avec la devise : *Aplasnos.*   Hᵣ 4 m. 55; Lᵣ 3 m. 25.

F 87. — SALLE DES GARDES. — *Cheminée.*

Cette cheminée monumentale, de pierres et de marbres

divers, est décorée de trophées et d'une Victoire en bas-relief attribuée à Jean Goujon, sans que cette attribution repose sur aucun document. Debout sur une sphère, d'une main elle tient une épée, de l'autre une couronne de lauriers. H^r 5 m. 65 ; L^r 3 m. 90.

F 88. — CHAPELLE. — *Console supportant la tribune de l'orgue.*

Console à trois faces décorées de médaillons, de chutes de feuillage et d'angelots tenant des cartouches avec la devise : *Aplasnos.* H^r 2 m. ; saillie supérieure 0 m. 95.

F 89. — *Cul-de-lampe d'une console.*

Tête d'homme barbu, accostée des deux pattes d'un animal chimérique. H^r 0 m. 45 ; L^r 0 m. 55.

F 90. — *Dais.*

Édicule à colonnade classique posé sur un toit à fronton Au caisson inférieur, une rosace de feuillage cantonnée de quatre têtes d'angelots.

XVIe siècle. (Commencé vers 1532). H^r 1 m. 15 ; L^r 0 m 60.

Cathédrale Notre-Dame d'Évreux

F 91. — *Clôture d'une chapelle du chœur.*

A la partie supérieure, formant claire-voie, une suite de balustres élancés portant de petites arcades plein-cintre, est disposée entre des pilastres et couronnée d'un entablement mouluré.

Les pilastres sont chargés de figurines et d'attributs : le Christ flagellé et les instruments de la Passion, Pilate avec l'aiguière et le bassin, le cimeterre et l'oreille de Malchus, Judas la bourse au cou.

Le soubassement est divisé en quatre panneaux ajourés, ornés de médaillons, bustes de femmes et d'hommes, encadrés d'arabesques, de rinceaux et de divers attributs.

La porte, d'ordonnance analogue, présente, découpé dans un tympan plein cintre, Samson emportant les colonnes des portes de Gaza.

Cette clôture fermant la chapelle de l'Immaculée-Conception, fut donnée à l'église par un chanoine de la famille des Postel, et ses armes figurent sur les balustres décorant les montants de la porte.

1er quart du XVIe siècle. Bois. — H^r 2 m. 90 ; L^r 5 m. 15.

F 92. — *Partie de la clôture d'une chapelle du chœur.*

De disposition semblable à la précédente, cette clôture est d'un tout autre caractère.

Reliés par des arcatures, les balustres, chargés d'ornements, n'affectent pas une forme pseudo-classique, et l'entablement qu'ils supportent n'est qu'un faîtage décoré d'un bandeau de feuillage.

Le soubassement présente, au-dessus de deux panneaux pleins sur lesquels sont figurés en bas-relief les Vertus, Foi et Charité, deux panneaux ajourés d'arcatures flamboyantes.

La porte n'est pas couronnée d'un tympan plein cintre, mais d'un gâble à crochets fantastiques, se découpant au milieu d'une broderie d'arcatures. Elle n'est plus encadrée de pilastres et de colonnettes, mais de deux légers clochetons gothiques.

Deux anges musiciens décorent les panneaux inférieurs.

xvi° siècle.　　　　　Bois. — H^r 3 m, 10; L^r 2 m. 10.

F 93. — *Pilier attenant au bras nord du transept de l'église de* **Fenioux (Deux-Sèvres).**

Vestige d'une ancienne chapelle funéraire qui fut détruite par les Huguenots, ce pilier se compose d'un pan de mur décoré de pilastres chargés d'arabesques, de caissons timbrés d'un monogramme et d'une élégante colonne dont le fût, coupé par une bague, est couvert de rinceaux délicats.

A la partie supérieure, un bas-relief, le prophète Jonas.

Les initiales F. R. sont celles de François Ratault, seigneur du lieu, qui fit élever cette chapelle très probablement avant son mariage en 1527, car les initiales de sa femme ne figurent pas sur le monument.

Premier quart du xvi° siècle.

　　　　　　　　　　H^r 7 m. 55; L^r 2 m. 65.

F 94. — *Bas-relief encastré dans le mur du bras nord du transept.*

Un prophète tenant un phylactère.

(*Voir le n° précédent*).　　　H^r 1 m.; L^r 1 m. 60.

Église de Fenioux.

F 95. — *Bas-relief.*

La Nativité. Sous un abri rustique, l'enfant, dans une crèche, est bercé par des anges. Aux poteaux qui supportent le toit sont accrochés des écussons.

xvi° siècle.　　　　　　　　H^r 0 m. 75; L^r 1 m.

Église de la Ferté-Bernard.

F 96. — *Fragments divers.*

Caissons frises, etc.

XVIe siècle.

(Don de M. D. Bloche).

Château de Fontainebleau.

F 96¹. — *Buste de Henri IV.*

Casqué et cuirassé à l'antique, ce buste, plus grand que nature, est traité en décor; mais la vérité d'expression permet de le rapprocher de celui de Barthélémy Prieur, conservé au Musée du Louvre. Il décore la cheminée de la Salle des Gardes refaite avec les débris de la « Belle Cheminée » démolie en 1725 pour permettre l'installation d'un théatre.

Aucun texte n'en détermine l'auteur, mais il peut être attribué à l'un des Jacquet — Antoine, Mathieu ou Germain — ou à leur atelier.

H^r 1 m. 05.

Chapelle du château de Gaillon.

F 97. — *Bas-relief d'un rétable exécuté par Michel-Colombe en 1508-1509.*

Saint Georges combattant le dragon.

Equipé en chevalier de l'époque de la Renaissance, saint Georges, sur un cheval au galop, transperce le dragon furieux.

Au second plan, sur un rocher, la princesse tombe à genoux et semble rendre grâces au Ciel et à son libérateur.

Au fond, des rochers et la mer.

L'encadrement, non moulé, appartient au style de la Renaissance italienne.

Commandé par le cardinal Georges d'Amboise, ce bas-relief fut déposé à la Révolution, recueilli par le Musée des Monuments français; il est actuellement conservé au Louvre.

(Voir également de Michel Colombe, le tombeau de François II, de la cathédrale de Nantes).

Commencement du XVIe siècle.

Marbre.

H^r 1 m. 38; L^r 1 m. 95.

F 98. — *Stalle exécutée en 1509 par des artistes rouennais et italiens*

Sur le haut dossier, au-dessous d'une frise portée par des pilastres auxquels s'appliquent des clochetons décorés de statuettes d'apôtres, le tout de style flamboyant, s'encadrent deux registres superposés :

Le registre supérieur est composé d'un bas-relief de travail français, la naissance de saint Jean-Baptiste, dans un intérieur de la Renaissance.

Le registre inférieur, de travail italien, est en marqueterie de bois de diverses couleurs (*tarsia*) et représente la Justice assise, couronnée, tenant l'épée et la balance.

Le dais continu en demi-berceau du dorsal est couvert d'arabesques, de rinceaux et de chimères du style de la Renaissance. Le dossier et la miséricorde sont ornés d'arabesques et de figurines grotesques.

Les accoudoirs et les parcloses, presque complètement gothiques, sont décorés de rinceaux et de deux statuettes, un scribe et un ouvrier battant sur une enclume.

Les panneaux inférieurs sont ornés de marqueteries semblables à celles du dorsal (Mercure, scènes d'étuve, musiciens, médaillons grotesques). H^r 2 m. 90; L^r 1 m.

F 99-100. — *Deux miséricordes de stalles.*

Sur fonds d'arabesques, génies porteurs de guirlandes et scènes de chasse.

Commencement du xvie siècle.

Bois H^r 0 m. 15; L^r 0 m. 20.

Cette stalle et ces miséricordes sont aujourd'hui dans l'église abbatiale de Saint-Denis.

F 101. — *Bas-relief provenant du château, conservé à* l'Ecole des Beaux-Arts.

La Foi.

XVIe siècle. H^r 0 m. 80.

Église de Génicourt-sur-Meuse (Meuse).

F 101^1. — *Statue de Sainte-Madeleine, dite la Châtelaine.*

Vêtue d'une robe longue, d'une robe de dessus échancrée sur les côtés et d'un manteau, dans la main gauche, elle tient le vase de parfum traditionnel, dans la droite, un livre fermé recouvert d'une enveloppe de tissu. Elle porte une ceinture nouée où sont fixées des patenotres. Ses cheveux, tombant dans le dos et sur les épaules, s'échappent d'une coiffe en forme de turban serrée par quatre cordons à glands, dont deux noués sous le menton,

XVI° siècle.   Hʳ 1 m. 30.

Les différentes œuvres de Ligier Richier ou de son école ont été rassemblées.

F 102. — *Rétable conservé dans* l'église d'Hatton-Châtel (Meuse), *attribué à Ligier Richier né vers 1500 mort en 1567.*

Ce rétable se compose de trois compartiments formant niches. Le compartiment central, plus élevé, se termine par un arc surbaissé à caissons. Les chapiteaux, les pilastres, les entablements sont chargés d'un décor très empreint d'italianisme.

Au contraire les trois groupes qu'ils abritent : le portement de croix, le Calvaire, la déposition, sont restés en bien des points dans la tradition française du Moyen Age.

A la clef de l'arc central, l'écu de Lorraine.

Au-dessous de la croix, dans une couronne de feuillages, les armes de la famille des Gueupf, vraisemblablement les donataires.

Répartie sur les bases des pilastres, l'inscription donnant la date du monument.

lan   1000   500   23

et sur le soubassement.

Xps passus est pro nobis vobis relinquens exemplum ut sequamini vestigia eius.

De chaque côté des armes des Gueupf, les lettres C ou G et R ont donné lieu à diverses interprétations.

1523.   Hʳ 1 m. 70 ; Lʳ 2 m. 60.

F 103. — *L'Ensevelissement du Christ. — Groupe exécuté par Ligier Richier et conservé dans une chapelle de l'église* Saint-Étienne de Saint-Mihiel.

Ligier Richier ayant dû, en 1560, se réfugier à Genève en laissant non exposée, et peut-être inachevée, cette œuvre capitale, ne procéda pas lui-même au placement des figures dans la chapelle du transept, où elles se trouvent actuellement.

La disposition adoptée par ses continuateurs, en contradiction avec les règles iconographiques, et même certains détails d'exécution, mais surtout les mutilations subies par plusieurs figures en vue de les disposer dans l'ordre adopté, permettent d'affirmer que le groupement actuel des personnages n'est pas celui que l'auteur avait conçu :

Treize figures composent le groupe de l'ensevelissement :

Nicodème et Joseph d'Arimathie portant le corps du Christ.

La Madeleine à genoux, lui baisant les pieds.

La Vierge défaillante, soutenue par saint Jean et Marie Cléophas.

Salomé, préparant la couche funéraire.

Les gardes du tombeau, trois soldats, dont deux jouant aux dés sur un tambour.

Sainte Véronique, portant la couronne d'épines, un ange tenant la croix.

Deux photographies ont été exposées à côté de ce monument : l'une représentant l'original en son état actuel, l'autre, les figures du moulage groupées dans l'ordre en vue duquel elles semblent avoir été exécutées. Lr 4 m. 75.

F 104. — *Statue de la Mort provenant du tombeau de René de Châlons, élevé par Ligier Richier dans l'ancienne collégiale Saint-Maxe, à Bar-le-Duc, et conservée aujourd'hui dans l'église* Saint-Pierre.

René de Châlons, comte de Nassau, blessé mortellement en 1544 au siège de Saint-Dizier, demanda qu' « on fît sa portraiture fidèle, non comme il était en ce moment, mais comme il serait trois ans après son trépas ».

Sa veuve, Anne de Lorraine, chargea Ligier Richier de l'exécution de cette volonté.

Pendant la Révolution, le tombeau de René de Châlons fut détruit et ses débris dispersés. Seule la statue de « La Mort » fut épargnée.

Les os du squelette en partie décharné, apparaissant à nu, le comte est debout et de la main gauche levée tend son cœur vers le ciel.

Un écu aujourd'hui sans armoiries, est accroché au bras droit.   Hr 2 m. 15.

F 105. — *Statue funéraire de Philippe de Gueldre, seconde femme de René II, duc de Lorraine* († 1547) *par Ligier Richier, provenant du couvent des Clarisses de Pont-à-Mousson, conservée dans la* chapelle des Cordeliers de Nancy.

Vêtue du costume monastique, Philippe de Gueldre est étendue les mains abaissées et croisées. A ses pieds, une

petite figure de Clarisse agenouillée présente la couronne
ducale.
Pierre de Saint-Mihiel polychromée.   L^r 2 m. 35.

**F 105^1. — *Bandeau et corniche d'une cheminée de la
maison dite de Ligier-Richier à* Han-sur-Meuse.**

Frise simulant une draperie attachée au linteau de la
cheminée.   L^r 2 m. 40.

F 106. — *L'Enfant à la crèche.*

Cette statuette, conservée au Musée du Louvre, a été
longtemps encastrée dans un mur du château de Ligny,
et son attribution à Ligier Richier repose sur ce fait que
l'artiste aurait exécuté pour la chapelle des Princes à Bar-
le-Duc, un groupe de la Nativité aujourd'hui disparu.
                                   H^r 0. m. 30.

**F 106^1. — *Tête de Christ en croix, de provenance incon-
nue, attribuée à Ligier-Richier.***

                                   H^r 0 m. 15.
Collections de la S^{te} de l'histoire du Protestantisme
français.
                    (*Don de M. le pasteur Weiss.*)

**F 107. — *Monument funéraire de la famille Dieulewart-
Pourcelet dans l'église* Saint-Etienne de Saint-
Mihiel.**

Deux angelots assis soulèvent le voile qui recouvre une
tête de mort posée sur une console entre deux écus lisses.
Fin du XVIe siècle.
Ecole de Ligier Richier.   H^r 0 m. 50; L^r 0 m. 70.

F 108. — *Tête de chérubin.*

Cette tête de chérubin entourée de quatre ailes, a été
trouvée en morceaux dans une maison de Saint-Mihiel et
semble pouvoir être attribuée à l'école de Ligier Richier.
Fin du XVIe siècle.   H^r 0 m. 30.

Église de l'Hôpital-sous-Rochefort (Loire).

F 109. — *Statue de la Vierge et l'Enfant.*

Vêtue d'une robe très simple, les cheveux dénoués sur
les épaules, la Vierge est debout tenant dans ses bras l'En-

fant presque nu, vers lequel elle penche légèrement la tête.

Il est intéressant de rapprocher cette Vierge de deux autres statues de la même région : la Vierge en marbre de la chapelle de la Chira à St-Marcel d'Urfé (non moulée) qui doit dater des dix ou quinze premières années du XVIᵉ siècle. — et la Vierge dite du Pilier de l'église de St-Galmier (F. 273) dont l'exécution est légèrement postérieure (1530 environ).

Vers 1500.

Bois peint et toile marouflée.   Hʳ 1 m. 60.

Église Notre-Dame de Laon.

F 110. — *Partie du soubassement de la clôture d'une chapelle de la nef.*

Séparés par un pilastre d'ordre ionique, deux termes supportant des portiques chargés de fleurs.

Hʳ 1 m. 12 ; Lʳ 0. m. 82.

F 111. — *Fragment de la décoration intérieure d'une chapelle de la nef.*

Terme et vases de fleurs.   Hʳ 1 m. 12 ; Lʳ 0 m. 22.

F 112. — *Panneau formant la partie gauche de la clôture d'une chapelle au sud du chœur.*

Compositions formée de deux ordres ioniques et d'une claire-voie d'arcatures et de frontons baroques.

Hʳ 1 m. 20 ; Lʳ 1. m. 48.

F 113. — *Décoration surmontant la porte d'une chapelle au nord du chœur.*

Ecu ovale buché, appliqué sur des cuirs et accosté de génies et de guirlandes de fruits. Bossages vermiculés,
Deuxième moitié du XVIᵉ siècle.   Hʳ 1 m. 80 ; Lʳ 1 m. 40.

Église Saint-Martin de Laon.

F 114-117. — *Pilastres décorant une chapelle au sud de la nef.*

Rinceaux, fruits, arabesques, figurines, attributs religieux et guerriers.
Sur un cartouche, la date 1540.   Hʳ 2 m. 13 ; Lʳ 0 m. 25.

Cathédrale Saint-Étienne de Limoges.

F 118. — *Jubé.*

Ce jubé, transporté en 1789 au revers de la façade occidentale, fut exécuté pour Jean de Langeac, évêque d'Avranches et de Limoges, ambassadeur de François Ier à Rome.

De chaque côté de la baie centrale et aux extrémités du jubé, s'appliquent deux colonnes à fûts tournés en balustres, de décors variés. Leurs chapiteaux portent les amorces de nervures, aujourd'hui détruites, qui, aboutissant aux clefs pendantes, imitaient une voûte d'ogives.

Chacun des entre-colonnements présente trois niches surmontées de dais (où l'on voit quelques incrustations de marbre gris) et que séparent des pilastres couverts d'arabesques, d'emblèmes, de trophées et de figures académiques et sacrées (David, Saint Étienne, la Charité, Lucrèce, l'Amour, Bacchus, etc.).

Deux blasons sculptés sur les montants des niches extrêmes semblent devoir être ceux de donateurs. Les statues étaient celles de saint Pierre, saint Jérôme, saint Augustin, saint Ambroise, saint Grégoire, et saint Paul. De gauche à droite).

A droite et à gauche, au-dessus des couronnes qui entouraient autrefois les armoiries de Jean de Langeac, quatre anges portant les instruments de la Passion.

A la base, au-dessous des niches, six bas-reliefs représentant les travaux d'Hercule et les exploits de Samson d'après les plaquettes de Moderno.

La partie supérieure du jubé forme tribune et au-dessous, cinq arcades, ornées de festons, de chérubins et d'écus portant les traces d'une crosse et d'une mitre, retombent sur six pendentifs.

En avant des pendentifs, sous des dais précieusement ouvragés, six figures très mutilées dont les têtes ont disparu : celles de gauche semblent être la Foi, l'Espérance, la Charité ; celles de droite, la Justice, la Prudence, la Tempérance.

La balustrade est composée de colonnettes en balustre alternant avec des pilastres chargés d'arabesques, de cartouches et de figurines, parmi lesquelles on peut reconnaître Hercule et Antée, Lucrèce ou le Désespoir.

Ainsi qu'en témoignent les traces d'ailes qui subsistent encore, une petite tête d'angelot était disposée à la partie supérieure entre chaque colonnette.

En différents endroits du monument se répète la devise : *Marcessit in ocio virtus.*

Le dais de la première figure à gauche porte l'inscription : *Ditat servata fides ; in ocio virtus marcescit; clari labore reddimur.*

Au bas du premier pilastre, à gauche de la porte, un petit cartouche porte la date 1533, celle de 1534 se lit sur la console terminant le pendentif d'angle à droite et la date 1547 sur la colonnette extrême à gauche.

Deuxième quart du XVI° siècle.   H^r 6 m. 30 ; L^r 11 m. 45.

F 119-123. — *Façade septentrionale. Fragments des vantaux de la porte.*

Figurines et arabesques.

XVI° siècle. Bois.

F 123¹. — *Buste de femme provenant d'une maison de* **Valence,** *conservé au* **musée de Lyon.**

Ce buste, à demi nu et contourné, se détache en haut relief d'un médaillon. Le collier, avec pent a col en forme de cartouche, le frontal et la toque à plume indiquent le milieu du XVI° siècle.   H^r 0 m. 60 ; L^r 0 m. 55.

Cathédrale Saint-Julien du Mans.

F 124. — *Partie du tombeau de Guillaume du Bellay. seigneur de Langey, Gouverneur du Piémont* (†1543).

Erigé en 1557, par les soins des frères de Guillaume du Bellay, Jean et Martin, et Guillaume évêque de Paris, dans la chapelle Notre-Dame du Chevet, ce tombeau fut successivement attribué à Jean Goujon, Jean Cousin, Paul Ponce, Germain Pilon, sans qu'aucun document positif autorise ces attributions.

Deux documents écrits, au contraire, permettent d'y voir l'œuvre de Noël Huet, avec cette réserve toutefois qu'ils ne mentionnent que le marbre et les inscriptions, et non le travail de sculpture lui-même.

Adossé au mur, le sarcophage de marbre blanc, en forme de berceau, est porté par deux sphinx de marbre noir.

Sur les trois faces apparentes court une frise représentant, entre deux galères, un furieux combat d'animaux marins de tritons et de néréides.

Guillaume du Bellay, costumé à l'antique, est à demi couché, la tête de face, le bras gauche appuyé sur un casque. De la main droite il tient une épée. Autour de lui, des livres rappelant son goût pour les lettres.

Sur le mur du fond, dans le cartouche du centre, se lit l'inscription :

Arreste toi lisant :
Cy dessoubz est gisant
Dont le cœur dolent iai
Ce renommé Langey
Qui son pareil n'eut pas.
Et duquel au trespas
Gectèrent pleurs et larmes
Les lettres et les Armes.

Dans le cartouche de gauche :

Pallados
Invicli
Iacet hic
Et Martis
Alumnus
Fositum
Est hoc
Mausole
V M
M D L V II

Dans celui de droite :

Obiit IIII
Id. ianua.
Anno D.
M D X L III
In vico
Sansapho
rinio, ad
radicem
Tararit
Montis

Un dessin de Gaignières donne la disposition primitive de ce tombeau qui, épargné par les huguenots en 1562, fut déposé lors de la Révolution, transporté au musée et revint ensuite à la cathédrale, où il fut réédifié mais avec des suppressions et des modifications.

Le moulage exposé ne comporte qu'une partie du monument actuel.

Troisième quart du XVI⁰ siècle.

Marbre et pierre. H^r 2 m. 11 ; L^r 1 m. 72.

Château de Montal.
(Commune de St-Jean-l'Epinasse, Lot).

F 125-131. — *Médaillons décorant les trumeaux de la cour.*

On peut voir dans ces bustes les portraits de Jeanne de Montal — de son père Robert de Balzac — de son mari Amaury — de ses fils Robert et Déodat ou Dieudonné — de sa fille Anne et de son mari François de Scorailles.

Les originaux ont été dispersés et acquis par les musées du Louvre, de Lyon, de Berlin, de South-Kensington et par des collections particulières.

En 1909, le propriétaire actuel du château, M. Maurice Fenaille a obtenu le retour à leur place primitive de la plupart des morceaux de sculpture de Montal qui n'ont pas passé à l'étranger. H^r 0 m. 88 ; L^r 1 m.

F 132-136. — *Statuettes d'amortissement des rampants d'une lucarne.*

> Enfants nus.
> Travaux terminés en 1535.   Hʳ 0 m. 70.

Église de Montmorency.

F 137. — *Fragments d'ornementation.*

> La devise *Aplanos* du connétable de Montmorency, inscrite dans une gorge en lettres entièrement détachées du fond.
> XVIᵉ siècle.
>
> *(Don de M. D. Bloche).*

Ancien Palais ducal de Nancy.

F 138. — *Couronnement de la grande porte d'entrée, construite par les soins du duc Antoine de Lorraine.*

> Surmontant la niche qui abrite la statue équestre d'Antoine de Lorraine, œuvre moderne, une accolade ondulée, ornée de crochets, choux frisés et animaux fantastiques, est reliée par une arcade à redents aux grands pinacles latéraux. S'élevant au-dessus de la toiture, une fausse lucarne, couronnée d'un fronton à coquille, présente, dans les parties aveugles deux médaillons où l'on a cru voir René II, père d'Antoine, et Antoine lui-même. (1508-1544).
> Première moitié du XVIᵉ siècle.   Hʳ 8 m. 85 ; Lʳ 5 m.

F 139-142. — *Montants de la niche de la statue équestre placée au-dessus de la porte.*

> Grotesques parmi lesquels on distingue des branches de chardon rappelant les armes de Lorraine.
> *(Voir le numéro précédent.)*

Cathédrale Saint-Pierre de Nantes.

F 143. — *Tombeau de François II, dernier duc de Bretagne et de Marguerite de Foix, sa seconde femme.*

> Elevé à la mémoire de son père par la reine Anne, ce mausolée fut exécuté de 1502 à 1507, sur les dessins de Jehan Perréal, par Michel Colombe, aidé de ses élèves Guillaume Regnault et Jean de Chartres, et pour la partie ornementale, de l'Italien Jérôme de Fiesole.

Il se compose d'un soubassement rectangulaire portant les gisants, et de figures allégoriques placées aux angles.

Le soubassement présente, à sa partie inférieure, entre des écussons couronnés entourés de cordelières, seize médaillons garnis de pleurants accroupis, et au-dessus, séparées par des pilastres couverts d'arabesques, seize niches abritant sur les faces latérales, les statuettes des douze apôtres, debout, portant leurs attributs — du côté de la tête, saint Louis et Charlemagne — aux pieds les patrons des gisants, saint François d'Assise et sainte Marguerite. Celle-ci est représentée sortant du dragon et non comme sainte Marthe, enchaînant ou foulant la tarasque.

Sur la dalle funéraire reposent, les mains jointes, couronnés et en costumes d'apparat, François II et Marguerite de Foix. Leurs têtes s'appuient sur des coussins que soutiennent trois anges agenouillés; un lion et un lévrier, couchés à leurs pieds, tiennent les armoiries.

Les figures d'angles symbolisent les Vertus Cardinales.

La Justice, portrait présumé de la reine Anne, avec, comme attributs, un livre et une épée.

La Prudence, à double face, jeune femme et vieillard, accompagnée d'un serpent, tient un miroir et un compas.

La Tempérance, un mors et une horloge entre les mains.

La Force casquée et cuirassée, portant une tour crénelée d'où elle arrache un monstre qui se débat.

Le tombeau, placé primitivement dans l'église des Carmes, a été transporté en 1817 dans la cathédrale.

(Voir également de Michel Colombe — le bas-relief du Château de Gaillon).

Commencement du XVIᵉ siècle.

Marbres de différentes couleurs. Hʳ 1 m. 60; Lʳ 1 m. 62.

Église Saint-Just de Narbonne.

F 144. — *Tombeau du Cardinal Briçonnet. Archevêque de Narbonne (✝ 1514).*

Ce monument, qui fut élevé en 1523, par Jean de Porichier, Lieutenant-général du roi en Languedoc, se compose d'un soubassement qui portait le gisant, abrité sous un plafond orné de caissons que supportent quatre colonnes cannelées, appuyées aux piliers de l'église, et deux pilastres couverts d'attributs et d'arabesques. Au-dessus des panneaux inférieurs du soubassement, chargés d'ornements funéraires, têtes de morts et ossements, six statuettes de pleurants, abritées sous des niches que séparent des colonnettes en forme de balustres.

Sur la frise de l'entablement, et en alternance, huit têtes d'anges et de morts. La face postérieure du monument présente une décoration analogue.

Le gisant — non moulé — est conservé au musée de Toulouse.

Premier quart du XVI⁰ siècle.   Hᵣ 4 m. 65 ; Lᵣ 3 m. 95.

F 145. — *Chapiteau de provenance indéterminée, conservé au* Musée de Narbonne.

Guirlandes et chérubins.

XVI⁰ siècle.   Hᵣ 0 m. 40.

F 146. — *Cheminée provenant de la Maison dite « de la Coquille »,* rue Pierre-Percée, n⁰ 4, à Orléans *(aujourd'hui au Musée).*

Deux fines colonnettes tronquées, forment les jambages malheureusement raccourcis.

Elles sont surmontées de consoles en forte saillie supportant le manteau rectangulaire.

Encadrés de pilastres chargés d'arabesques, trois bas-reliefs consacrés à la vie de saint Jean-Baptiste — la prédication, le baptême du Christ, la décollation — en décorent la partie supérieure et correspondent aux panneaux inférieurs formant frise et couverts de rinceaux accompagnant des médaillons sur lesquels on reconnaît David et Goliath, Hercule et le Centaure, Bacchus et des génies.

Les différentes parties des montants, du manteau et de la hotte sont peintes et dorées.

Sur le manteau est tracée l'inscription :

Servire Deo est ; timentibus eum nihil deest

Sur un écusson peint, les armoiries des Comtes, seigneurs du Briou, des Valins et de Ville-Chauve.

Cette cheminée a été attribuée, sans document probant à François Marchand.

XVI⁰ siècle.   Hᵣ 4 m. ; Lᵣ 2 m. 50.

F 147. — *Buste de Jean de Morvilliers, Evêque d'Orléans. Garde des Sceaux (1577), par Germain Pilon.*

Ce buste provenant du tombeau élevé dans l'église des Cordeliers de Blois, est aujourd'hui conservé à l'évêché d'Orléans.

Le monument funéraire de Jean de Morvilliers, comportait avec le buste exposé, deux pleureuses, qui demeurèrent en place jusqu'en 1806, date de la démolition de l'église.

Elles furent alors vendues et décorèrent une sépulture peu distante de Blois.

Voir aussi de G. Pilon : St-Denis, Tombeau de Henri II. Musée du Louvre : Œuvres diverses.

Bronze. — Hr 0 m. 55.

F 148-152. — *Pilastres décorant la cour intérieure d'une maison.*

Arabesques. — Chutes de feuillage. — Figurines. — Grotesques. — Cartouches, rubans et attributs divers.
XVIe siècle. Hr 1 m. 55.

F 152¹. — *Deux consoles.*

F 152². — *Statuette de sainte Barbe conservée dans l'église d'Ormes, près de Reims.*

Appuyée contre la tour, sainte Barbe tient à la main droite un livre ouvert, de la gauche, la palme du martyre.
XVIe siècle. Hr 0 m. 81.

Ancienne église collégiale d'Oyron (Deux-Sèvres).

F 153. — *Portail du bras nord du transept.*

Ce portail se compose d'une baie en anse de panier décorée de rinceaux, de génies, de salamandres couronnées, d'écus aujourd'hui buchés, et du monogramme de Claude Gouffier, seigneur d'Oyron et de sa mère Hélène de Hangest.

Au-dessus sont disposées quatre niches abritées sous des coquilles et encadrées d'élégantes colonnettes aux fûts losangés, portant des fleurs de lys et des hermines.

Les pieds-droits sont formés, à leur partie inférieure, de colonnettes engagées, dont les fûts, droits et tors, sont couverts d'arabesques et, au-dessus, de deux rangs de niches privées de leurs statues.

Ce portail est couronné d'un tympan plein cintre présentant une niche vide accostée d'armoiries buchées, ayant pour supports des lions et des griffons. Au-dessus, un large bandeau dont les caissons sont ornés d'angelots tenant des cartouches et de lourdes guirlandes de fruits et de feuillages. Sur l'un des cartouches, la date 1530 — au panneau central, 1540.

Hr 7 m. 85 ; Lr 4 m. 30.

F. 110. — CATHÉDRALE DE LAON.
Fragment de la clôture d'une chapelle (XVIᵉ *siècle*).

F. 118. — CATHÉDRALE SAINT-ÉTIENNE, A LIMOGES.
Détail du jubé (1533-1547).

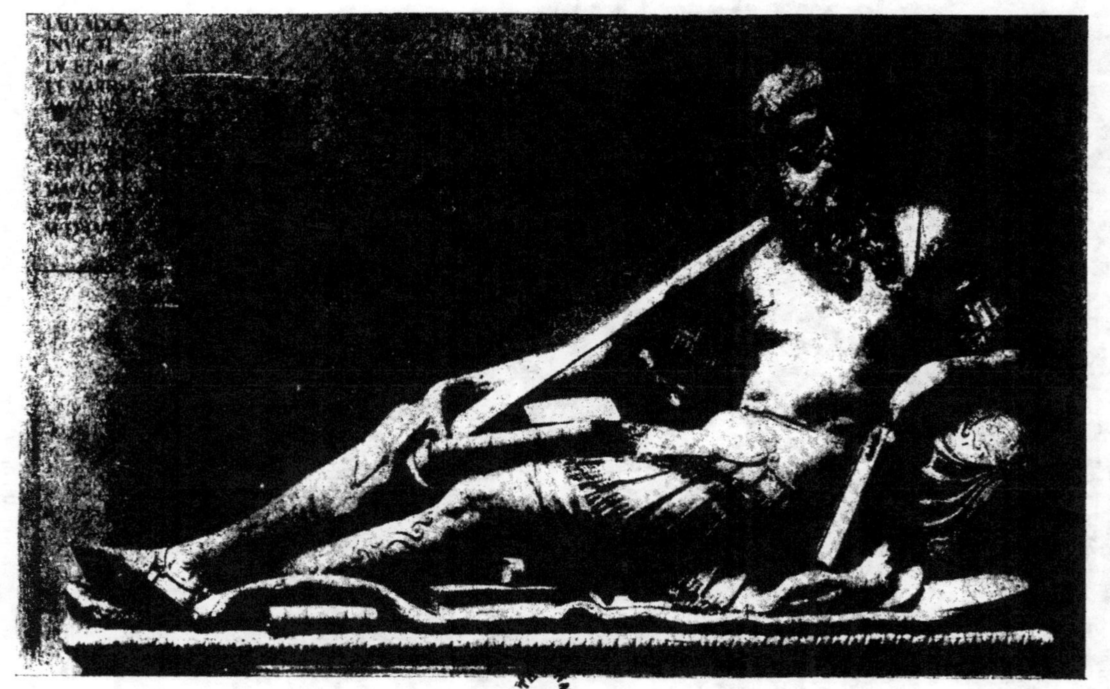

F. 124. — CATHÉDRALE SAINT-JULIEN DU MANS.

Statue funéraire de Guillaume du Bellay, Seigneur de Langey († 1543) (XVIᵉ *siècle*).

F. 143. — CATHÉDRALE SAINT-PIERRE DE NANTES.
La Tempérance. Statue du tombeau de François II et de Marguerite de Foix,
par Michel Colombe (de 1502 à 1507).

F 154. — *Statue funéraire d'Artus Gouffier, seigneur de Boisy et d'Oyron, Grand-Maître de France († 1519).*

En costume d'armes, Artus Gouffier est étendu, la tête nue appuyée sur un coussin, les mains jointes, les pieds posés sur un griffon.

Autour de la dalle règne l'inscription :

Ci gist feu de bone mémoire Messire Artus Gouffier, en son vivant chevalier de l'Ordre Comte de Carvaz et d'Estampes, baron de Maulevrier et Passavant Seigneur de Boysi Bourg sur Charente, di Sainct Loup et d'Oiron, Gouverneur et lieutenant Général du Roy en ses pais de Dauphiné et grand maistre de France Fondateur de ceste Eglise lequel trespassa à Monpellier le XII° our de may 1519. Priez Dieu pour luy.

Premier quart du xvi° siècle.   Marbre. L^r 3 m. 18.

F 155. — *Tombeau de Philippe de Montmorency († 1516), deuxième femme de Guillaume Gouffier. Buste de la gisante.*

L^r 0 m. 55.

F 156. — *Statuette de femme décorant une niche du tombeau.*

Ces diverses figures sortent probablement de l'atelier des Juste.
Premier quart du xvi° siècle.
Marbre. — H^r 1 m. 10 : L^r 0 m. 65.
Ces figures peuvent être attribuées à l'atelier des Juste.

Chapelle du château de Pagny (Côte-d'Or).

F 157. — *Fragments d'ornementation du portail.*
Grotesques.

F 158. — *Fragments d'ornementation du tombeau de Jean de Vienne.*

Génies, arabesques et rinceaux accostant un écu. Sur un cartouche, la date 1533.
(*Voir plus haut la statue funéraire de Jean de Vienne + 1435) exécuté au milieu du XV° siècle*).
Première moitié du xvi° siècle.

Fontaine des Innocents à Paris.

Bas-reliefs par Jean Goujon.

Ils proviennent de la loge élevée de 1547 à 1549 par Pierre Lescot, à l'angle de la rue aux Fers et de la rue Saint-Denis, pour l'entrée de Henri II à Paris (16 juin 1549).

F 159-163. — *Bas-reliefs placés entre les pilastres. — Cinq grandes figures de naïades, portant des urnes ou tenant des gouvernails, personnifient les fleuves et rivières de France.*

F 164. — *Bas-relief de l'attique. — Enfants et dauphins.*

F 165. — *Arcade. — Les écoinçons sont décorés de Victoires tenant des palmes et des couronnes. La clef, d'une ancre et d'un dauphin.*

F 166-168. — *Bas-relief du soubassement. — Nymphes de la Seine, Tritons et Néréides.*

Ces trois derniers bas-reliefs, formant frise, devinrent sans emploi lorsque la fontaine accompagnant la loge dédiée aux nymphes des sources fut réédifiée, isolée, au centre du Marché des Innocents. Ils sont aujourd'hui conservés au Musée du Louvre.

Milieu du xvi* siècle.

Dimensions des grandes figures. H^r 2 m. 35 ; L^r 0 m. 75.

Dimensions des bas-reliefs de la frise 0 m. 73 ; L^r 1 m. 95.

Palais du Louvre, à Paris.

F 169. — *Bas-relief de la cour, par Jean Goujon.*

Une Victoire tenant une palme et une couronne.

Milieu du xvi° siècle.   H^r 2 m. 55.

F 169^1. — *Partie d'un cartouche de la tribune dite des Cariatides.*

A la clef d'un fronton circulaire un génie embouche deux trompettes. Des festons de feuillages et de fruits viennent à la partie inférieure du cartouche rejoindre un Mascaron de femme souriant.

Les comptes mentionnent que Jean Goujon s'engagea vis-à-vis de Pierre Lescot à tailler pour la tribune des musiciens, *quatre figurés de femmes de pierre dure en façon de termes servant de colonnes.*

Hôtel Carnavalet à Paris.

F 170. — *Bas-relief décorant la façade, par Paul Ponce.*
Sur un fond de trophées, un lion jouant avec un boulet.
H^r 1 m. 58 ; L^r 1 m. 85.

F 171-172. — *Ecoinçons par Jean Goujon.*
Trophées. H^r 1 m. 26 ; L^r 1 m. 20.

F 173. — *Clef, par Jean Goujon.*
L'Abondance. — Debout sur un masque, une figure de femme ailée, tenant une corne d'abondance.
H^r 1 m. 60 ; L^r 0 m. 65.

F 174. — *Médaillon, par Jean Goujon.*
Écu lisse ayant pour supports deux enfants nus tenant des palmes. H^r 1 m. 20 ; L^r 1 m. 05.

F 175. — *Arcade de la Cour, par Jean Goujon.*
A la clef, debout sur une sphère, Diane l'arc à la main. A droite et à gauche deux Victoires étendues, tenant une palme et une branche de laurier.
XVIᵉ siècle. H^r 1 m. 70 ; L^r 3 m. 60.
L'Hôtel du Président de Ligneris — aujourd'hui Carnavalet — fut construit au milieu du XVIᵉ siècle, par Pierre Lescot et les attributions des fragments exposés à Paul Ponce et à Jean Goujon concordent avec les textes, comme avec le style de ces artistes.

Au Musée du Louvre à Paris :

*Trois bustes de l'atelier de **Germain Pilon**, provenant du **Château du Raincy.***

F 176. — *Henri II* (1518-1559).
Couronné de lauriers, le roi est revêtu d'une cuirasse richement ornée, que recouvre un manteau fleurdelysé. Il porte sur la poitrine le collier de Saint-Michel.
Albâtre. H^r 0 m. 77.

F 177. — *François II* (1543-1560).

> Costume analogue au précédent. Tête rapportée repré
> sentant le roi à dix-huit ans, les cheveux courts et sans
> barbe.
> Buste en albâtre. — Tête en marbre. — H^r 0 m. 77.

F 178. — *Charles IX* (1550-1574).

> Costume analogue aux deux précédents.
> Albâtre.   H^r 0 m. 77.

F 179-180. — *Gisant et écussons du tombeau de Valentine Balbiani, par Germain Pilon* (né **vers 1513-1590**).

> Cadavre de vieille femme nue, drapée dans un linceul,
> la tête sur un coussin, les mains croisées.
> Valentine Balbiani mourut en 1572 et son tombeau fut
> élevé dans l'église Ste-Catherine-du-Val par les soins de
> son mari le chancelier René de Birague († 1583).
> Marbre. L^r du gisant, 1 m. 60 H^r des écussons 0 m. 33.

F 181. — *Bas-relief par Germain Pilon, placé à l'origine dans l'église Ste Catherine-du-Val, puis dans* **l'église St-Paul-St Louis.**

> La mise au tombeau du Christ.
> Une réplique existe à l'église St-Etienne de Caen.
> Bronze.   H^r 0 m. 60, L^r 0 m. 90.

F 182-183. — *Bas-reliefs provenant du* **château d'Anet,** *attribués à Germain Pilon.*

> La Force.
> La Foi.
> xvie siècle. — Marbre.   H^r 0 m. 80.

F 183^1. — *Cariatide formant piédroit d'une cheminée provenant du* **château de Villeroy à Mennecy (Seine-et-Oise),** *construit pour Nicolas de Neufville de Villeroy. Attribuée à Germain Pilon.*

> Seconde moitié du xvie siècle.   H^r 1 m. 25.
> (*Voir aussi de G. Pilon : St-Denis, Tombeau de Henri II.*
> *Orléans : Buste de J. de Morvilliers.*)

F 184. — *Buste de François Ier* (1494-1547).

> Le roi est tête nue. Il porte une cuirasse décorée de
> rinceaux et traversée par le collier de Saint-Michel. La

main gauche est appuyée sur la hanche. La main droite ramenée devant la poitrine tenait un attribut aujourd'hui brisé.

XVIe siècle. Bronze. —   H^r 0 m. 80.

F 185-186. — *Panneaux provenant de la chapelle funé-raire de Philippe de Commines dans* **l'église des Grands-Augustins de Paris.**

Ces panneaux, sur lesquels se voient, au milieu d'arabesques, les figures de saint Grégoire, saint Augustin et saint Jérôme, furent exécutés, probablement entre 1500 et 1510, dans l'atelier de Guido Mazzoni au Petit Nesle.

Les originaux des moulages exposés sont aujourd'hui au Louvre. D'autres fragments sont conservés à l'Ecole des Beaux-Arts.

F 187. — *Statue funéraire de Jeanne de Penthièvre, fille de Philippe de Commines (✝ 1514) provenant de* **l'église des Grands-Augustins de Paris.**

Premier quart du XVIe siècle.
Marbre.   L^r 1 m. 85 ; L^r 0 m. 70.

F 188. — *Buste de la statue de Charles de Magny (✝ 1556), Capitaine des Gardes de Henri II provenant de* **l'égli-se des Célestins de Paris,** *par Pierre Bontemps.*

Tombeau élevé en 1557. Marbre.   H^r 0 m. 56.

F 189-192. — *Têtes de quatre statues ébauchées par Pierre Franqueville de Cambrai (✝ 1615) achevées par François Bourdon en 1618.*

Statues des quatre nations vaincues enchaînées au pied de la statue équestre de Henri IV, élevée sur le terre-plein du Pont-Neuf.

Commencement du XVIIe siècle.
Bronze.   H^r moyenne 0 m. 35.

F 193. — *Buste de Henri IV (1553-1610), par Barthélemy Tremblay (1568-1629).*

Lauré, le roi porte une cuirasse ornée d'arabesques.
Commencement du XVIIe siècle.
Marbre.   H^r 0 m. 80.

Au Musée de Cluny, à Paris.

F 194-196. — *Trois statuettes provenant d'anciennes églises de Troyes.*

Ces trois figures, au costume étrange et fantaisiste, sont désignées au Musée de Cluny sous les rubriques : Un prophète. — La Grammaire. — L'Astronomie.

La première — un homme debout déroulant un phylactère — serait, d'après M. Kœchlin, non un prophète, mais saint Savinien. Une réplique en existe dans la collection de M. Valtat, à Versailles.   H^r 0 m. 50

Dans la deuxième — une femme debout tenant un livre ouvert—il faudrait voir non une allégorie de la Grammaire, mais sainte Savine.   H^r 0 m. 62.

La troisième — une femme debout tenant en ses mains une sphère — semble symboliser l'Astronomie. A l'aumônière également portée par les deux statuettes précédentes, s'ajoute, pour celle-ci, une écritoire.   H^r 0 m. 60.

Le style de ces trois statuettes permet de les attribuer à Jacques Juliot ou à son atelier.

Église collégiale de Poissy.

F 197. — *Groupe de sainte Anne et la Vierge.*

(*Don de M. Geoffroy-Dechaume*).

XVIe siècle.   H^r 1 m. 35.

Fragments divers provenant du Château élevé près de Poitiers pour Guillaume Gouffier, Seigneur de Bonnivet († 1525).

F 198. — *Grand médaillon.*

Entre deux pilastres chargés des attributs de la Passion, le Christ de profil à gauche : Il est ceint du nimbe crucifère, porte la barbe courte, et les cheveux longs tombent sur les épaules.

Sur la banderolle supérieure : *Jesus Christus salvator mundi.*

En 1516 travaillait au château de Bonnivet un sculpteur du nom de François Charpentier et on a voulu reconnaître sa signature dans le médaillon représentant le fils de Joseph le Charpentier.   H^r 0 m. 72; L^r 0 m. 70.

F 199-206. — *Frise, chapiteaux, fragments de pilastres, médaillons.*

> Décor classique d'arabesques, de guirlandes et de génies tenant des écus sur lesquels on reconnaît les armoiries de l'Amiral Bonnivet.
> Ces divers fragments sont conservés au Musée des Antiquaires de l'Ouest, à Poitiers.

F 207. — *Fragment conservé au* **Musée de Cluny.**

> Buste de femme de profil, accompagné d'une tête de dauphin se terminant en rinceaux.
> Premier quart du XVIᵉ siècle.

F 208. — *Rétable conservé dans* **l'église de Rampillon.**

> Composé de quatre volets à charnières se repliant et servant avec le dais qui les surmonte à abriter une statue de Vierge à l'Enfant du XIVᵉ siècle.
> Les volets sont décorés de scènes de bas-relief : Annonciation — Visitation — Annonce aux bergers — Nativité — Circoncision — Recherches d'Hérode — Massacre des Innocents — Fuite en Egypte, etc.
> Aux lobes supérieurs : le Père Eternel bénissant et tenant le globe — un ange déroulant un phylactère — deux têtes barbues.
> XVIᵉ siècle. Bois.   Hʳ 2 m. 45 ; Lʳ 2 m. 15.

Église St-Rémy de Reims.

F 209-210. — *Têtes de deux des douze pairs ecclésiastiques qui décorent le mausolée de St-Rémy attribué à Pierre Jacques dit Jacques d'Angoulême (né vers 1520).*

> Élevé par les soins de l'archevêque Robert de Lenoncourt, le mausolée de Saint-Rémy fut démoli en 1793 et reconstruit en 1857. XVIᵉ siècle.   Hʳ 0 m. 22.

Au Musée lapidaire :

F 211. — *Chapiteau.*

> XVIᵉ siècle.   Hʳ 0 m. 13.

Cathédrale Notre-Dame de Rodez.

F 212. — *Partie de l'ancienne clôture du Chœur, attribuée à Nicolas Bachelier.*

Ce monument mutilé, et qui n'occupe plus dans la cathédrale sa place primitive, mais ferme une chapelle, a été complété à l'aide de fragments conservés à l'archevêché. Il ne fut d'ailleurs jamais achevé. Commencé par les soins de l'évêque François d'Estaing (1501 † 1529) il fut continué par son successeur Georges d'Armagnac. Une maquette en bois, appartenant à la collection de M. Boy, nous indique que le projet primitif comportait une partie supérieure très importante, décorée de bas-reliefs consacrés à la vie de la Vierge et couronnés d'un entablement chargé de coquilles, de pinacles et d'angelots. Composé d'une mince cloison de pierre dont les extrémités dédoublées s'épaulent aux colonnes d'appui, il est percé de deux baies plein cintre, une porte et une fenêtre curieusement décorées.

Divisée par un meneau en forme de balustre, la fenêtre est envahie par une lourde et bizarre végétation de pierre ne laissant que quelques ajours.

Le tympan de la porte, également ajouré, présente, au milieu d'une couronne de fruits, un écu ayant pour tenants deux angelots qui portent les armes aux trois fleurs de lys de François d'Estaing.

Elles se répètent dans la frise de l'entablement.

La lourdeur des claires-voies de rinceaux rappelle certaines parcloses des stalles de Staffarde conservées au Musée civique de Turin.

Le linteau porte sur une face l'inscription :

<table>
<tr><td>Franciscus claro Stannorum sanguine natus</td><td></td></tr>
<tr><td>Egregium Christo hoc edificavit opus</td><td></td></tr>
<tr><td>Serius in celestia si Deus regna vocasset</td><td></td></tr>
<tr><td>Vidisses omni lilia terna choro</td><td>M 531</td></tr>
<tr><td>Sed tandem in Domino felici morte sopitus</td><td></td></tr>
<tr><td>Post fatum ista dedit pignora chara sui</td><td></td></tr>
</table>

et sur l'autre :

<table>
<tr><td>Virginis immenso flagrans Franciscus amore</td><td></td></tr>
<tr><td>Erexit priscorum hec monumenta patrum</td><td></td></tr>
<tr><td>Post mortem vivens operum splendore suorum</td><td></td></tr>
<tr><td>Vidistis cuncti, nemo negare potest</td><td>M 531</td></tr>
<tr><td>Muneris accepti si gratia restat</td><td></td></tr>
<tr><td>Ad tumulum veniens dic requiescat ei</td><td></td></tr>
</table>

Les parements de cette clôture sout, sur les deux faces, couverts de frises et de pilastres chargés d'arabesques et de médaillons encadrant des niches, aujourd'hui privées de leurs statues. On y voit, répétés en un monogramme compliqué, les chiffres *Ihs. Mā.*

Deuxième quart du XVIᵉ siècle.   Hᵣ 4 m. 20 ; Lᵣ 7 m. 60.

Cathédrale de Notre-Dame de Rouen.

F 213. — *Tombeau de Louis de Brézé, grand sénéchal et gouverneur de Normandie († 1531).*

Elevé à Louis de Brézé par les soins de sa veuve, Diane de Poitiers, ce monument fut exécuté de 1535 à 1544 et demeure anonyme. On l'a attribué sans preuves à Jean Goujon et à Jean Cousin. Il est composé de deux ordres superposés couronnés d'un fronton, affectant également la forme d'un ordre.

A la partie inférieure, sur un sarcophage de marbre noir, le transi en albâtre est étendu, nu, sous un linceul le laissant presque entièrement à découvert, le bras droit le long du corps, le bras gauche sur la poitrine.

Sur le sarcophage, on lit :

Misericordes oculos ad nos converte

Agenouillée à sa tête, Diane de Poitiers, en costume de veuve. Debout, à ses pieds, la Vierge et l'Enfant. A droite, et à gauche, un ange tenant un cartel. En avant, deux colonnes couplées, d'ordre corinthien, et deux pilastres semblables portent un entablement décoré de mascarons, de guirlandes et de cartouches sur lesquels, en lettres d'or le rappel de la devise de Louis de Brézé :

Tant grate chevre que mal giste

L'ordre supérieur présente quatre cariatides, tenant sur leurs têtes des corbeilles de fruits, appuis d'un entablement décoré de vases, de Renommées et de griffons. Ce sont, à gauche, la Victoire, *Cum triumpho vivit;* la Foi, *Fidelis semper;* à droite, la Prudence, *Prudens omni tempore;* la Gloire, *Mortuus cum gloria.*

Au-dessous, une arcade plein cintre abrite la statue équestre du duc de Normandie : De profil à droite, il est armé de toutes pièces et tient l'épée à la main. Le cheval, est couvert de la housse et du chanfrein à tasseaux.

Les écoinçons compris entre l'arcade et l'entablement, sont ornés de figures de Renommées. L'intrados, de caissons timbrés du monogramme de Louis de Brézé. Le couronnement, ordonnance dorique accosté de chérubins, encadre une figure allégorique symbolisant à la fois les quatre Vertus cardinales, Prudence, Justice, Force et Tempérance : C'est une femme ailée, assise sur un buisson d'épines, tenant un glaive, un mors dans la bouche, un serpent autour du bras. A droite et à gauche, deux écussons timbrés du chiffre L. B. et de palmes, ont pour supports des chèvres rappelant encore la devise de Louis de Brézé, Sur l'entablement l'inscription :

In virtute tabernaculum ejus.

Deux dalles de marbre noir, bordées de guirlandes de fruits, sont encastrées au-dessus du gisant et portent les inscriptions :

A gauche :

Louis de Breszé en son vivant chevalier
de l'ordre, premier chambellan du roy,
Grand seneschal, lieutenant général
et gouverneur pour led seigneur en ses pays et
duché de Normandie, capitaine de cent
gentilz hommes de la maison du dit seigneur et de
cent hommes d'armes de ses ordonnances,
Capitaine de Rouen et de Caen. Comte
de Maulevrier, Baron de Mauny et du
Bec Crespin, Seigneur chastellain de Nogent
le roy Ennet, Bréval et Monchauvet
Après avoir vescu par le cours de la natu
re en ce monde en vertu jusques à l'aa
ge de LXXII ans, la mort l'a faict mectre
en ce tombeau pour retourner vivre
perpétuellement. Lequel décéda le dy
mence XXIII° jour de juillet mil DXXXI

A droite :

Dedens le corps que ce blanc mabre serre,
Jadis le ciel pour embellir la terre
Transmyst le choys des illustres espritz,
Lequel au corps feits tant d'honneur acquerre,
Qu'en temps de paix et furieuse guerre,
Soubz quatre roys il emporta le prix.
Le souverain pour son partage a pris
Ceste noble âme, et la terre a repris
Le corps ia vieu : mais quand à sa gloire ample.
Pour ce qu'elle est de vertu décorée,
Aux bons françois est ici demeurée
Pour leur servir de mémorable exemple

Au-dessus de ces deux inscriptions : *suscipe preces,
Virgo benigna,* et dans l'angle gauche, les quatre vers :

Hoc Lodoice tibi posuit Brezæ sepulchrum
Pictonis amisso mœsta Diana viro
Indivulsa tibi quondam et fidissima conjux
Ut fuit thalamo, sic erit in tumulo.

Deuxième quart du XVI° siècle.
Marbre et albâtre.   Hr 7 m.; Lr 4 m.
Fragments du tombeau des Cardinaux d'Amboise,

Georges Ier († 1510) et Georges II († 1550), archevêque de Rouen, exécuté de 1515 à 1525 sous la direction de Roullant le Roux par Pierre des Aubeaulx, Regnault Therouyn, Chaillou, André le Flament, Mathieu Laignel et Jean de Rouen.

F 214. — *Statuette. — La Tempérance.*

Sous une niche à voûte caissonnée une femme assise, tenant d'une main une bride et de l'autre une horloge dont le cadran est divisé en 24 heures. H^r 0 m. 90.

F 215. — *Statuette. — La Foi.*

Sur un pilastre triangulaire, se terminant en console, une femme assise, tenant un calice et un livre.

H^r 1 m. 25.

F 216. — *Statuette. — La Charité.*

Sur un pilástre triangulaire se terminant en console, une femme assise, tenant un cœur et une croix.

H^r 1 m.

F 217-223. — *Sept grands pilastres, décorés à leur partie inférieure de grotesques et à leur partie supérieure, de petites figures d'hommes, un genou en terre, les mains jointes ou croisées et portant des livres ouverts ou fermés.*

H^r 1 m. 08.

F 224-227. — *Quatre pilastres chargés de grotesques et d'arabesques.*

H^r 1 m. 12.

F 228-231. — *Quatre petits pilastres triangulaires se terminant en console.*

Première moitié du XVIe siècle.
Marbre. H^r 0 m. 54.

F 232-233. — *Deux pilastres et une frise des vantaux de la porte centrale.*

Bois. — H^r des pilastres 2 m. 32 ; L^r de la frise 1 m. 45.

F 233. — *Groupe de Notre-Dame de Pitié, par Etienne Desplanches.*

Variante assez rare du type traditionnel, ce groupe comporte trois personnages : un ange, en effet, est venu aider la Vierge à supporter le corps de son fils.

La composition, bien équilibrée, est heureuse, mais le caractère est conventionnel, plus théâtral que puissant, bien loin du réalisme et de la sobriété du groupe de Montluçon, tous deux d'ailleurs très expressifs du style de leur temps.

Quatrième quart du XVIe siècle.   H^r 1 m. 30. L^r 1 m. 10.

Église Saint-Maclou de Rouen.

F 234-235. — *Façade occidentale. Porte nord dite Porte des Fonts.*

Le vantail est divisé en deux panneaux par un entablement porté sur quatre consoles, surmontant la partie ouvrante. Au-dessus, les statuettes des deux saint Jean, de Moïse, d'Abraham, et entre elles, trois figures en faible relief le Printemps, l'Hiver, l'Eté.

Au centre du panneau supérieur, sur un médaillon inscrit dans un cadre, la parabole du Bon Pasteur : Jésus assis près d'un parc à moutons, en explique le sens à quatre personnages, un pape, un juge, un laïque.

Au-dessus, sortant des nuées, la main divine au milieu d'angelots.

Deux grandes figures encadrent ce panneau : à gauche, Melchisédec ; à droite, saint Pierre, correspondant aux figures du panneau inférieur, Aaron et saint Paul mettent en parallèle l'Ancienne et la Nouvelle Loi. Le battant, couvert d'ornements, présente, au-dessus du mascaron de bronze formant marteau, un personnage symbolique assis dans les nuées (le Christ) et au-dessous, entre des satyres, deux amours sur un arbre.

Au revers, la suite de la parabole : le mercenaire en fuite pendant que le Bon Pasteur défend son troupeau.

H^r 5 m. 60 ; L^r 2 m. 80.

F 236-237. — *Bras nord du transept. Porte.*

Une colonne corinthienne, autour de laquelle grimpe un branchage de lierre, porte, abritée sous un dais une statuette de la Vierge, et, couvrant la feuillure, forme trumeau.

Les vantaux sont divisés en deux panneaux, par des consoles, portant huit statuettes parmi lesquelles, au milieu de femmes qui représentent sans doute des saintes, on reconnaît les deux saint Jean.

Dans les panneaux supérieurs, deux médaillons cantonnés d chérubins.

A gauche, l'Arche d'alliance, à droite, la mort de la Vierge. Au-dessus, dans les nuées, Dieu le Père et Dieu le Fils.

Les panneaux inférieurs sont chargés de grotesques et d'ornements divers et présentent des heurtoirs formés de mascarons de bronze.

Au revers, dans un décor très riche et très original, la parabole de l'Enfant prodigue et celle du Bon Pasteur.

Dans un cartouche, la date 1557.

Attribuées à Jean Goujon, qui ne peut en avoir fait tout au plus qu'une faible partie, les portes de Saint-Maclou, dont l'exécution dura fort longtemps, ne furent achevées que vers 1560.

L'encadrement de ces deux portes est de style flamboyant.

Pierre, bois et bronze.　　　　Hʳ 5 m. 60 ; Lʳ 3 m. 28.

F 238. — *Marteau de porte.*

(*Voir les nᵒˢ précédents*).

Troisième quart du xvıᵉ siècle.
Bronze.

F 238 ¹. — *Panneau du couvercle des fonts baptismaux de* l'église Saint-Paul, à Rouen.

Le portement de croix.

(*Don de M. Chapot.*)

xvıᵉ siècle.　　　　Hʳ 0 m. 50.

F 239. — *Porte de la* Grosse Horloge à Rouen.

Attenant au beffroi, sur une arcade franchissant une rue étroite, s'élève un pavillon à combles aigus dont les deux faces présentent un cadran historié « le gros horloge » suivant l'appellation populaire.

La voûte en anse de panier, est renforcée d'un grand caisson circulaire et de deux caissons demi-circulaires formant armature.

Au centre, en haut-relief, « le Bon Pasteur paissant ses agneaux » se détache sur un fond de faible saillie, paysage aux multiples détails délicatement ouvragés.

La bordure très saillante des caissons est décorée d'attributs et de deux cartouches portant les inscriptions :

Pastor bonus — Antmam suam ponit pro ovibus suis.

Les archivoltes extérieures présentent également une suite de rinceaux et d'attributs et, à la clef, les armes de Rouen, un agneau pascal portant la bannière, ayant deux angelots pour tenants.

Les deux parois du passage sont évidées d'arcades sur-baissées, qui étaient des boutiques.

Robert Lemoyne, maître d'œuvre, 1527-1529.

H^r 7 m. 06; L^r 7 m. 30.

Hôtel du Bourgthéroulde à Rouen.

F 240-244. — *Bas-reliefs décorant les allèges des baies de la galerie, sur la cour.*

Ces bas-reliefs formant frise, représentent l'entrevue du « Camp du Drap-d'Or », qui eut lieu entre le roi Fran-çois Ier et le roi Henrl VIII d'Angleterre, le 7 juin 1520 « en une petite vallée nommée le *Valdoré*, entre la ville d'Ardres et le Château de Guines. »

Le logis du Bourgthéroulde, commencé à la fin du xve siècle par Guillaume II le Roux, sieur de Bourgthéroulde, fut transformé et terminé par Guillaume le Roux, son fils, abbé d'Aumale et du Val-Richer.

xvie siècle.   H^r 2 m. 40; L^r 0 m. 85.

Ancien Bureau des Finances de Rouen.

F 245. — *Pilastre triangulaire.*

H^r 2 m. 10.

F 246-247. — *Deux médaillons.*

H^r 0 m. 60.

Ancien Hôtel Jubert,
à Rouen (1, rue de l'Hôpital).

F 247 ¹. — *Portail d'entrée de la cour.*

Les pilastres, les chapiteaux, la face externe et l'intra-dos de l'arc portent un décor classique de candélabres, de grotesques et d'arabesques. Un œil-de-bœuf ajoure des écoïnçons. Sur l'architrave :

Dns Michi adjutor.

H^r 3 m. 90; L^r 3 m. 23.

F 247 ². — *Colonne actuellement contre la porte du logis.*

Type dont il exista plusieurs exemples à Rouen : Sur une base à griffes, s'élève un fût cannelé dont l'entable-ment porte un fût galbé couronné d'un chapiteau historié d'amours et de bustes ailés et accosté de deux femmes nues, en état de grossesse, qui servaient de tenants à un écu de forme italienne entièrement buché.

Cette arcade et cette colonne appartenaient à un portique qui s'ouvrait sur l'un des côtés de la cour.

H^r 2 m. 95.

F 247 [3] [4] [5]. — *Chapiteaux de la façade sur cour.*

H^r 0 m. 070.

Fragments conservés au **Musée de Rouen.**

F 248. — *Grande frise provenant d'une maison démolie.*

Phaéton. Bois. — H^r 0 m. 60 ; L^r 2 m 25.

F 249. — *Grand pilastre de provenance indéterminée.*

Bois. — H^r 2 m. 95.

Église de Saint-Bertrand de Comminges.

F 250. — *Stalle.*

Le dossier très élevé est encadré de deux colonnettes tournées en balustres, et couronné d'un fronton surmonté de motifs découpés (animaux fantastiques affrontés).

A sa partie supérieure, dans un tympan demi-circulaire se détache un buste en haut-relief. Les accoudoirs sont supportés par une petite figure représentant un maître fustigeant son élève. H^r 5 m. 55 ; L^r 1 m. 20.

F 251-260. — *Médaillons.*

Bustes d'hommes et de femmes inscrits dans des tympans demi-circulaires.

Il est difficile de déterminer si l'artiste a voulu figurer des personnages historiques, symboliques ou de fantaisie.

H^r 0 m. 35.

F 261-262. — *Bas-reliefs.*

L'Annonciation (Dans les nuées apparaissent le Père Éternel et un ange portant une corbeille de fleurs).

Sainte Catherine.

Ces stalles ont été attribuées sans preuve à Nicolas Bachelier.

Première moitié du XVIe siècle. H^r 0 m. 70.

Bois.

Ancienne église abbatiale de Saint-Denis.

F 263-264. — *Bas-reliefs décorant le soubassement du tombeau de Louis XII († 1515) et d'Anne de Bretagne († 1514).*

> Entrée de Louis XII à Milan.
> Bataille d'Agnadel et soumission du général vénitien.
> Sans aucun souci de la vérité historique, ces divers épisodes sont transposés dans l'Antiquité.
> Monument attribué à Jean-Juste (Giovanni di Giusto Betti) auquel on peut probablement adjoindre son frère aîné Antoine, ainsi que son fils Jean II Juste et son neveu Jean de Juste.
> 1517-1518. **Marbre.**

F 265-267. — *Masque de François Ier († 1547). — Bustes de Claude († 1524) et de Charlotte de France, sa femme et sa fille.*

> Bustes des statues agenouillées sur la plate-forme qui surmonte le tombeau de François Ier, de Claude de France et de leurs enfants.
> L'auteur de ces statues n'est pas connu. Les deux autres priants (non moulés) sont l'œuvre de Pierre Bontemps.

F 268-271. — *Bas-reliefs décorant le soubassement du tombeau de François Ier, par Pierre Bontemps.*

> Épisodes des campagnes de Marignan et de Cérisoles.
> Deux cavaliers, dont l'un tient une bannière fleurdelysée.
> Femme portant des bagages.
> Un cavalier.
> Hallebardiers.
> Ce monument élevé sur les dessins et en grande partie sous la direction de Philibert Delorme, fut achevé par les soins du Primatice.
> Les travaux de sculpture commencèrent vers 1549, l'édification du monument eut lieu entre 1556 et 1558.
> Les gisants sont l'œuvre de Pierre Bontemps et de François Marchand. A Pierre Bontemps également reviennent deux au moins des priants ainsi que les bas-reliefs du soubassement. La décoration fut exécutée par l'atelier d'Ambroise Perret et de Jacques Chanterel.
> 1552. **Marbre. — H^r 0 m. 60.**

F 272. — *Statues funéraires de Henri II († 1559) et de Catherine de Médicis († 1589), par Germain Pilon.*

> Gisants nus du roi et de la reine. La reine sous les traits

F. 147. — BUSTE DE JEAN DE MORVILLIERS, ÉVÊQUE D'ORLÉANS,
par Germain Pilon (1577). Bronze.

F. 161-162. — FONTAINE DES INNOCENTS. A PARIS.
Bas-reliefs, par Jean Goujon (de 1547 à 1549).

F. 181. — MUSÉE DU LOUVRE.

Mise au tombeau, par Germain Pilon (bronze) (XVIᵉ *siècle*).

F. 213. — CATHÉDRALE DE ROUEN.
Statue funéraire de Louis de Brézé († 1531).

d'une femme encore jeune. Socle orné de feuilles d'acanthe et de moulures perlées.

Scuptures terminées en 1570.

(*Voir aussi de G. Pilon : Musée du Louvre, œuvres diverses. Orléans, Buste de J. de Morvilliers*).

Église de Saint-Galmier (Loire).

F. 273. — *Statue de la Vierge et l'Enfant dite Vierge du Pilier.*

Coiffée d'un voile rehaussé de perles et de galons retenus par une boucle d'orfévrerie, la Vierge est vêtue d'une robe très riche, au corsage ajusté, aux manches bouffantes à crevés, et d'un manteau dont elle a relevé la traîne sous son bras gauche.

Elle est debout et porte sur le bras droit l'Enfant presque nu, souriant, d'une main jouant avec un oiseau et de l'autre avec les cordonnets de son voile.

(*Voir l'Hôpital sous Rochefort*).

Vers 1530.   Marbre. — H^r 1 m. 30.

Cathédrale Saint-Étienne de Sens.

F 274-277. — *Bas-reliefs provenant du tombeau d'Antoine Duprat († 1535), Chancelier de France, Cardinal-Archevêque de Sens.*

Entrée du Cardinal Duprat à Paris, en qualité de légat, en 1530.

Entrée à Sens comme archevêque.

Concile de St-Germain-en-Laye, en 1572.

Séance de la Chancellerie.

Le tombeau du cardinal Duprat, élevé dans le chœur de la cathédrale de Sens, fut détruit pendant la Révolution et quelques fragments qui furent sauvés sont actuellement conservés dans la salle synodale.

Le nom de l'auteur n'est pas connu.

Deuxième quart du XVIe siècle.

Marbre. H^r 0 m. 44 et 0 m. 44. L^r 1 m. 75 et 0 m. 74.

Château de Serrant (Maine-et-Loire).

F 278. — *Caissons de plafond.*

Cuirs et écussons.

Le château de Serrant commencé vers la fin du règne de

François Ier par Charles de Brie, fut remanié et achevé sous Louis XIII par Guillaume Bautru,

         (Don de M. D. Bloche).

Église de la Dalbade, à Toulouse.

F 279. — *Soubassement d'une niche du portail occidental, attribuée à Nicolas Bachelier.*

Une colonne en forme de balustre, ornée de feuillage et placée entre deux pilastres, supporte un entablement chargé d'un décor classique de rinceaux, d'oves et de perles.

xvie siècle.   H^r 0 m. 60; L^r 1 m. 05.

Hôtel de Lasbordes, à Toulouse.

F 280. —. *Fenêtre de la cour, attribuée à Nicolas Bachelier.*

Deux figures, une vieille femme, un homme barbu, sortant d'une gaîne forment cariatides et supportent l'entablement.

Les consoles sont ornées de masques et de cuirs.

Sur l'allège, des amours.

xvie siècle.   H^r 3 m. 60 ; L^r 3 m.

Hôtel d'Assezat, à Toulouse.

F 281. — *Console supportant une arcade du 1er étage de la cour.*

Milieu du xvie siècle (un cartouche de l'Hôtel d'Assezat porte la date 1555).   H^r 0 m. 85; L^r 1 m. 25.

Hôtel Bernuy, à Toulouse.

F 282. — *Portique de la cour.*

Ce portique, œuvre de Louis Privat, est percé, à sa partie inférieure, de deux hautes arcades plein cintre, aux pieds-droits ornés de colonnettes engagées, en forme de balustres, à l'intrados divisé en caissons moulurés et sculptés.

Une galerie ouverte en loge et composée de trois arcades surbaissées règne dans la partie supérieure.

La partie en retour comprend un grand arc surbaissé avec le départ d'une voûte caissonnée et au-dessus, une

fausse balustrade et une croisée flanquée de colonnes engagées.

2° quart du XVIe siècle (1530-1535). H^r 10 m. 30 ; L^r 10 m. 45.

Cathédrale Saint-Gatien de Tours.

F 283. — *Tombeau des enfants de Charles VIII et d'Anne de Bretagne.*

Attribué pour le soubassement à un atelier italien et pour les gisants et angelots à Michel Colombe.

Vêtus de longues robes à semis de fleurs de lys et de dauphins, les deux princes, morts en bas-âge, sont étendus côte à côte, la tête appuyée sur des coussins que support-tent deux anges agenouillés : à leurs pieds, deux anges dans la même attitude tiennent des écus. Le plus grand est couronné et croise les mains sur la poitrine ; l'autre est emmailloté ; une capeline et une pèlerine recouvrent sa tête et ses épaules.

Sur la scotie, bordée d'une cordelière, qui porte la dalle funéraire, se développent des arabesques entremêlées de figurines rappelant divers épisodes de l'histoire d'Hercule et de celle de Samson : Hercule combattant l'hydre de Lerne et luttant avec Antée — Samson emportant les portes de Gaza — Samson armé d'une mâchoire d'âne est aux prises avec un lion — Dalila coupe les cheveux de Samson. A la tête du sarcophage, un centaure et une sirène, aux pieds, un satyre sonnant du cor et une autruche.

Aux angles du couronnement, quatre dauphins.

Les grands côtés du soubassement sont décorés d'écus-sons aux armes des dauphins de France, accostés de génies ailés et de volutes de rubans.

Sur les petits côtés des médaillons encadrent les inscrip-tions :

A la tête :

Charles huitiesme roy pieux et excellent
Eut de Anne reyne et duchesse en Bretaigne,
Son premier filz, nommé Charles Orlend,
Lequel régna, sans mort que rien n'épargne,
Trois ans, trois moys, daulphin en Viennois,
Comte d'Yois et de Valentinois
Mais l'an v cens, moins v, il rendit l'âme
A Amboise, le seziesme du moys
De décembre, puis fut mis sous la lame.

Aux pieds :

Par Atropos qui les cueurs humains fend
D'un dard mortel de cruelle souffrance,
Du roy Charles et de Anne, royne de France,
Cy dessoubz gist Charles, second enfant

Lequel vesquit dauphin en Viennoys
Comte d'Yois et de Valentinois
Vingt et cinq jours, puis les Tours au Plessis
En octobre mourut, à deux du moys
Mil quatre cens avec nonante et six

Aux quatre angles du soubassement, des griffes ailées.

Ce monument érigé dans l'église Saint-Martin, fut restauré lors de son transfert à la cathédrale (1815-1824).

Commencement du XVIᵉ siècle (vers 1506).

Marbre.   Hʳ 1 m. 35; Lʳ 1 m. 91; Lʳ 0 m. 90.

Cloître St-Martin à Tours.

F 283 ¹. — *Une travée, par Bastien François.*

Étant donné l'état de dégradation de l'original et la variété des motifs ornementaux, le moulage a été constitué dans sa partie décorative à l'aide d'éléments empruntés à diverses travées. Il se compose d'un arc surbaissé encadré de contreforts et d'une partie de voûte à nervures déterminant des panneaux rectangulaires.

L'entablement porte un décor d'inspiration classique.

Sur l'architrave, des génies présentent des coupes de fruits à des salamandres ondulant et se terminant en rinceaux.

Sur l'arc, des cartouches, des trophées et des chutes de fruits.

Aux écoïnçons, parmi des arabesques, deux médaillons : Sur l'un, David et Goliath; sur l'autre, dans un jardin orné de fabriques et de statues, un satyre sonne du cor et réveille une femme nue.

La voûte est formée de compartiments dont les arcs sont décorés d'arabesques, de perles, d'oves.

Aux clefs, des écussons inscrits dans des couronnes d'épines.

F 283 ². ³. — *Deux frises.*

Dragons affrontés, oiseaux et arabesques.

F 283 ⁴. *Deux clefs.*

Masque feuillu de femme. — Dans un médaillon, une tête de mort tenant un tibia entre les dents.

La banderole qui l'entoure portait sans doute une légende peinte.

Commencement du XVIᵉ siècle (1508 à 1513).

F. 284. — *Fontaine de Beaune-Semblançay, à* Tours.

Édifiée en 1510 sur la place du Grand-Marché par la ville de Tours avec le concours de Jacques de Beaune, Baron de Semblançay, surintendant des finances sous Charles VIII, Louis XII et François Ier, cette fontaine fut exécutée d'après les plans de Michel Colombe, par Bastien et Martin François, ses neveux.

Au centre d'un bassin octogonal en pierre de Volvic, orné d'armoiries et de rinceaux, s'élève, sur un soubassement également en pierre, une pyramide de marbre blanc, présentant cinq divisions de formes variées, en retrait les unes sur les autres. Elles portent les armoiries de Beaune-Semblançay, de Tours, de France, de France parti de Bretagne, les lettres L et A couronnées, initiales des noms de Louis XII et d'Anne de Bretagne, sa femme, et enfin, des attributs de la Passion.

Commencement du XVIe siècle (1510).

Marbre et pierre. — Epi H^r 4 m. 96 ; Bassin H^r 0 m. 80 ; D^e 3 m. 90.

Église Saint-André de Troyes.

F 285. — *Statuette de Vierge de l'Assomption.*

Cette statuette est actuellement accrochée dans le panneau central d'un rétable décoré des emblèmes des litanies de la Vierge, auquel elle n'était sans doute pas destinée.

Des répliques en existent, à Provins, dans l'église St-Ayoul, et à Bruxelles, dans la collection de M. de Somzée.

H^r 0 m. 78.

Église Saint-Jean de Troyes.

F 286-288. — *Trois bas-reliefs encastrés dans l'autel de la communion, attribués à Jacques Juliot.*

La Cène.
Le lavement des pieds.
Judas rapportant les trente deniers.
Exemple caractéristique de l'influence italienne sur la sculpture troyenne.

Milieu du XVIe siècle.

Albâtre.   H^r 0 m. 70 ; L^{rs} 1 m. 35, 0 m. 75 et 0 m. 70.

F 289-292. — *Quatre bas-reliefs décorant l'autel du Saint-Sacrement.*

Scènes de la Passion. Le portement et l'érection de la croix, la mise au tombeau, la résurrection.

H^r 0 m. 35 ; L^r 0 m. 65.

F 293. — *Groupe.*

La Visitation.

La Vierge Marie et Élisabeth sa cousine, s'abordent en se donnant la main.

Sur la manche d'Élisabeth est brodé le fragment : *Anima* emprunté au *Magnificat*.

On ne connaît pas l'auteur de ce groupe, si curieux par les détails du costume, si caractéristique de l'art troyen. Le nom de Nicolas Hastin cependant semblerait pouvoir être prononcé. D'autre part, les imitations qui en ont été faites, et en particulier celle du jubé de Villemaur, daté de 1521, permettent de fixer approximativement la date de son exécution.

Cette statue pourrait être un *ex voto* d'une confrérie de servantes.

Premier quart du xvie siècle.   H^r 1 m. 35 ; L^r 0 m. 82.

Église de la Madeleine à Troyes.

F 294. — *Statue de sainte Marthe.*

Vêtue d'une robe aux larges manches et d'une cape jetée sur la tête et les épaules, sainte Marthe s'avance, tenant un bénitier et un goupillon.

Commencement du xvie siècle.   H^r 1 m. 80.

Église Saint-Nicolas de Troyes.

F 295. — *Haut-relief.*

La Nativité, l'Annonciation aux bergers, l'Adoration des Mages.

Ces trois scènes rassemblées en un même cadre, dans un décor classique.   H^r 1 m. 35 ; L^r 2 m. 14.

F 296. — *Bas-relief.*

Scènes de la vie de saint Joachim.

xvie siècle.   H^r 0 m. 32 ; L^r 0 m. 65.

Église Saint-Urbain de Troyes :

F 297. — *Couverture de missel.*
L'Adoration des Mages.
XVI° siècle.   H^r 0 m. 36 ; L^r 0 m. 24.

Au Musée de Troyes :

F 298. — *Miséricorde de stalle.*
Légende de sainte Geneviève. la sainte est à son métier.
Au-dessus de sa tête, un diable s'efforce d'éteindre avec
un soufflet la lampe qu'un ange vient d'allumer.
XVI° siècle. Bois.   H^r 0 m. 25 ; L^r 0 m. 37.

Église d'Urfé.

F 299. — *Statuette de sainte Catherine, provenant de
l'église d'Urfé, conservée aujourd'hui dans l'église de
Champoly.*
Couronnée, la Sainte est debout et s'appuie sur la roue,
(*Don de M. F. Thiollier*).
H^r 0 m. 78

Église de Villemaur (Aube).

F 300. — *Statuette de la Vierge et l'Enfant.*
La Vierge en marche porte sur le bras gauche l'Enfant
nu. De la main droite elle tenait un fleuron. Des pâte-
nôtres sont suspendues à sa ceinture.
XVI° siècle.

F 300¹. — *Suite de fragments d'ornementation de pro-
venances diverses.*
Chapiteaux, consoles, caissons, frises, pilastres etc.
Quelques-uns de ces fragments appartiennent à des
ensembles exposés. (Chartres, Limoges, etc.). Il a paru
intéressant de les présenter à part et à portée de la vue
pour faciliter l'étude de leur exécution.
XVI° siècle.   (*Legs du sculpteur A. Rodin*).

F 300². — *Pilastres.*
XVI° siècle.   (*Legs du sculpteur A. Rodin*).

TEMPS MODERNES

(XVIIe-XVIIIe-XIXe siècles)

———

Pour les XVIIe, XVIIIe et XIXe siècles, les œuvres ont été réunies par noms d'auteurs, sauf en ce qui concerne le Château de Versailles et les œuvres anonymes qui ont été reportées à la fin du chapitre.

ANGUIER (François). (1604-1669)

G 1. — *Statue d'Hercule, dans l'ancienne église du Couvent de la Visitation, aujourd'hui Chapelle du Lycée à* **Moulins.**

> Hercule nu est assis sur un rocher, tenant de la main gauche la massue. Sur ses genoux, la peau du lion de Némée.
>
> Cette statue, opposée à une statue de la Charité, fait partie de la décoration d'un vaste sarcophage élevé à Henri II, duc de Montmorency († 1632), par les soins de sa veuve, la princesse des Ursins, et exécuté de 1651 à 1658 par François Anguier, aidé de son frère **Michel** Anguier (1612-1686), de Thibault Poissant (1605-1668) et de Thomas Regnauldin (1622-1706).
>
> Marbre. — H^r 1 m. 95.

G 2. — *Soubassement du tombeau de Jacques-Auguste de Thou († 1617), provenant de l'église St-André des-Arcs et conservé aujourd'hui au* **Musée du Louvre.**

> Deux Atlantes courbés supportent la dalle sur laquelle est agenouillé, dans l'original, J. A. de Thou. A sa gauche,

la statue de Marie de Barbançon-Cany, sa première femme
attribuée à Barthélemy Prieur (*Voir plus loin*).

A sa droite, celle de sa seconde femme Gasparde de la
Châtre (non moulés). H^r 1 m. 20 ; L^r 2 m.

ANGUIER (Michel) (1612-1686).

**G 3. — *Fragments divers de la décoration de la porte
Saint-Denis, à Paris. Tête. Epaule et bras de guer-
rier. Poitrail de cheval. (Bas-relief du Passage du
Rhin*).**

Travaux commencés en 1764, d'après les dessins de
Lebrun.

BARYE (Antoine-Louis) (1795-1875).

G 4. — *Lion étouffant un boa.*

1833. — Bronze.

(*Musée du Louvre*).
H^r 1 m. 80.

G 5. — *Jaguar dévorant un lièvre.*

1851. — Bronze.

(*Musée du Louvre*).
H^r 1 m. 04.

BOIZOT (Louis-Simon) (1743-1809).

G 6. — *Buste de Daubenton (Naturaliste 1716-1799).*

Salon de 1798. H^r 0 m. 68.

BOSIO (François-Joseph) (1768-1845).

G 7. — *La Nymphe Salmacis*

Salon de 1819. — Marbre.

(*Musée du Louvre*).
H^r 0 m. 85.

BOUCHARDON (Edme) (1698-1762).

**G 8-11. — *Les Saisons. Bas-reliefs de la fontaine de la
rue de Grenelle*, à Paris.**

Elevée de 1739 à 1745 par Edme Bouchardon, la fontaine de la rue de Grenelle est décorée d'un groupe de statues, la ville de Paris entourée de la Seine et de la Marne et de quatre figures symbolisant les Saisons.

Au-dessous de ces figures, sont encastrés les bas-reliefs dont les moulages sont exposés ici, et dont les sujets sont consacrés au même thème : Ce sont des enfants nus ,ouant avec des oiseaux, tressant des couronnes et des guirlandes de fleurs (le printemps), la faucille à la main coupant des épis (l'été), cueillant des raisins et les disputant à une chèvre (l'automne), d'autres enfin, à peine abrités sous un voile, se pressant auprès d'un feu (l'hiver).

Salons de 1740 et 1741   H^r 2 m. 36 ; L^r 1 m. 50.

BOURDIN (Michel 1er).

(né dans la seconde moitié du xvie siècle).

G 11^1. -- *Statue funéraire de François de la Grange, Seigneur de Montigny, maréchal de France.* († 1617), *conservée dans la* **cathédrale de Bourges.**

En costume de chevalier du St-Esprit. François de la Grange est agenouillé devant un prie-Dieu (non moulé).

C'est un vestige du monument élevé en 1633 par les soins de sa veuve Gabrielle de Crevant, détruit en 1793 et dont quelques débris ont été recueillis par le Musée de Bourges.

Marbre.   H^r 1 m. 40.

CAFFIERI (Jean-Jacques) (1725-1792).

G 12-14. — *Trois bustes, portraits posthumes : Jean Rotrou (poète et auteur dramatique, 1609-1650), d'après une peinture originale.*

Salon de 1783.

Marbre.   H^r 0 m. 95.

(*Comédie Française*).

Jean-Baptiste Rousseau (poète lyrique, 1671-1741), d'après le portrait peint par Aved en 1737.

Salon de 1787.

Terre cuite.   H^r 0 m. 65.

(*Château de Versailles*).

Corneille van Clève (sculpteur, 1645-1732).

(*Musée du Louvre*).

Terre cuite.   H^r 0 m. 70.

G 14. — *Buste de danseuse.*

Plâtre conservé à la Bibliothèque M^le de Versailles. — 1770.

CARPEAUX (Jean-Baptiste) (1827-1875)

G 15-20. — *Modèles en plâtre ayant servi à l'exécution du fronton et de la frise du Pavillon de Flore, aux Tuileries.*

Groupe du fronton : La France portant la lumière dans le monde et protégeant l'Agriculture et la Science.
Salon de 1866.   H^r 2m. 60 ; L^r 4 m. 20.
Haut-relief de la frise : Le triomphe de Flore.
                    H^r 1 m. 45 ; L^r 1 m. 80.
Hauts-reliefs de la frise : Enfants.   H^r 0 m. 60.

G 21. — « *Mater dolorosa* ».

Buste.   H^r 0m. 70.

(Don de Mme Carpeaux).

G 22. — *Petit buste de négresse captive.*

1868.

(Don de Mme Carpeaux).

G 23. — *Buste de Gérôme (J. L.), peintre et sculpteur.*
1864-1906.

(Don de Mme Carpeaux).
                              H^r 0 m. 60.

CHAUDET (Antoine-Denis) (1763-1810)

G 24. — *L'Amour au papillon.*

(Musée du Louvre).
Marbre.   H^r 0 m. 90.

CLÈVE (Corneille van) (1645-1732)

(Voir : Château et Parc de Versailles).

CLODION (Michel-Claude, dit) (1738-1814)

G 25-28. — *Les Saisons. Bas-reliefs décorant une maison, rue de Bondy 54, à Paris.*

Une femme assise, demi-nue ou drapée accompagnée

> d'enfants, symbolise chacune des saisons que l'on recon-
> naît aux fleurs, aux épis, aux raisins, au feu.
> Terre cuite.   H^r 1. m. 31 ; L^r 0 m. 73.

G 29. — *Satyre, nymphe et enfant. Groupe de trois personnages.*

> Assis sur un rocher un satyre tenant un tambour de
> basque chargé de raisins se tourne vers une nymphe qui
> s'appuie sur son épaule. En avant, un enfant tend les bras
> vers eux.
> Terre cuite.   H^r 0 m. 53.

G 30. — *Procession païenne.*

> Femmes et enfants portant des offrandes.
> Terre cuite.   H^r 0 m. 47 ; L^r 0 m. 86.

G 30^1-^{2}. — *Demi-figures en bas-relief de jeunes filles, nues, les cheveux épars.*

> Médaillons conservés à la Bibliothèque M^{le} de Versailles.

G 31. — *La Mort de sainte Cécile. Bas-relief en marbre exécuté pour l'un des autels du jubé de* **la cathédrale de Rouen**

> H^r 0 m. 75 ; L^r 1 m. 35.

CORNU (Jean) (1650-1710)

G 32. — *La Charité romaine.*

> Une jeune femme allaitant son père condamné à mourir
> de faim.
> Ce bas-relief, morceau de réception à l'Académie en 1681,
> est conservé aujourd'hui à l'Ecole des Beaux-Arts.
> Marbre.   H^r 0 m. 90; L^r 0 m. 70.

COTTE (Robert de) (1657-1735) (Architecte).

Série de fragments provenant de la Galerie Mazarine et de l'ancien Cabinet des Médailles élevé en 1733 sur les dessins de Robert de Cotte.

Cour d'honneur.

G 33-35. — *Clefs de baies.*

> Trophées. — Livres, palmes et guirlandes assem-
> blées et suspendues à un ruban.
> Palette, compas, règle et marteau.
> Coquille ailée et guirlandes de fleurs.

G 36-47. — *Clefs d'arcades.*

> Têtes masculines ou féminines inscrites dans des cartouches ou des coquilles, encadrées, de guirlandes et d'attributs divers.

G 48-49. — *Chapiteaux de pilastres.*

G 50. — *Console.*

G 51. — *Motif décoratif.*

> Coquille accostée de cornes d'abondance.

G 52. — *Motifs d'encadrement.*

> Feuilles de laurier.

Cabinet des médailles.

G 53-54. — *Motifs décoratifs.*

> Chutes d'attributs divers et de palmes suspendus à une coquille par un ruban.
> Coquilles et ruban.

G 55-63. — *Fragments de gorges de plafond.*

> Attributs et rinceaux.

G 64. — *Rosace de feuillage*

G 65. — *Tympan de fenétre.*

> Une petite figure de femme assise au milieu des attributs de l'Architecture est inscrite dans un cartouche ailé, orné de coquilles et de guirlandes de fleurs.

G 66-67 *bis*. — *Détails.*

> La Peinture, l'Astronomie, le Commerce.

Ancienne Salle des Globes.

G 68. — *Cartouche d'angle encadré de feuilles de laurier.*

G 69. — *Fragments de boiseries.*

G 70-84. — *De la galerie Mazarine.*

Motifs d'une frise courante de l'époque Louis XIII. Têtes décoratives (satyres et bacchantes) inscrites dans des médaillons encadrés de rinceaux.

COUSTOU (Nicolas) (1658-1733).

G 85. — *Fronton triangulaire exécuté en 1726 pour la Romaine (poids public) de la rue Haranguerie à Rouen (aujourd'hui à la Douane).*

En haut-relief :

Mercure, avec ses attributs habituels, le caducée et la bourse, est assis sur un rocher, au milieu d'hommes et d'enfants déchargeant des marchandises.

Devant lui un coq, un livre, une balance. Au fond, des proues de navires. H^r 2 m. 80; L^r 9 m.20.

G 86. — *Buste de Marc-René de Voyer de Paulmy, marquis d'Argenson, garde des Sceaux (1652-1721).*

(Château de Versailles).

Marbre. H^r 1 m.

COUSTOU (Guillaume) (1678-1746).

G 87. — *Buste de Marie Leczinska, Reine de France (1703-1768).*

(Château de Versailles).

Marbre. H^r 0 m. 70.

G 88. — *Buste de Nicolas Coustou.*

(Musée du Louvre).

Terre cuite. H^r 0 m. 70.

COYZEVOX (Antoine) (1640-1720).

G 89. — *Buste de J.-B. Colbert, Contrôleur général des Finances, Marquis de Seignelay (1619-1683).*

(Château de Versailles).

Vers 1675. Marbre. H^r 0 m. 85.

G 90. — *Buste de Marie-Adélaïde de Savoie, Duchesse de Bourgogne (1685-1712).*

(Château de Versailles).

1710. Marbre. H^r 0 m. 68.

G 91. — *Buste de Louis II, de Bourbon, Prince de Condé, dit le Grand-Condé (1621-1686).*

1688. — Bronze provenant de l'hôtel de Conty. (Musée du Louvre). Hᵣ 0 m. 75.

G 91 ¹. — *Buste de Louis de France, dit le Grand Dauphin (1661-1711).*

(Château de Versailles).

1679. — Marbre. Hᵣ 0 m. 80.

(Voir aussi Château et parc de Versailles).

DAVID D'ANGERS (1788-1856).

G 92. — *Bas-relief du tombeau du Comte Edmond de Bourcke (Diplomate danois (1761-1821).*

La jeune veuve est assise devant un hermès qui est le buste de son mari. Elle tient à la main une branche de cyprès.

Expectantes beatam spem.

1823.

(Cimetière du Père-Lachaise).

(Don de M. Charles David d'Angers).

Marbre. Hᵣ 1 m. 90; Lᵣ 1 m. 07.

G 93. — *Bas-relief du tombeau du Maréchal Suchet (1772-1826).*

Une Victoire grave sur un canon les faits d'armes du maréchal.

Italie, Allemagne, Pologne, Espagne.

1827.

(Cimetière du Père-Lachaise).

(Don de Charles David d'Angers).

Marbre. Oᵣ 2 m. 08 ; Lᵣ 1 m. 32.

G 94. — *Buste de Samuel Hahnemann (médecin allemand 1755-1843).*

1835.

(Don de M. Mathieu Meunier).

Marbre. 0 m. 74.

MÉDAILLONS.

G 95. — *Auber Daniel). Compositeur (1782-1870).*

Exécuté en 1838

G 96. — *Bonaparte (Le Général).*   **1831**

G 97. — *Buonarotti (Filippo). Conventionnel.*
    1753-1823.   **s. d.**

G 98. — *Carnot (Lazare, Nicolas, Marguerite)*
    Conventionnel. 1753-1823.   **1838**

G 99. — *Carrel (Armand). Publiciste. 1800-*
    1836.   **1832**

G 100. — *Condorcet O'Connor (Arthur). Géné-*
    ral. 1767-1852.   **1831**

G 101. — *Constant (Benjamin). Publiciste.*
    1767-1830.   **1830**

G 102. — *David d'Angers (Hélène). La fille du*
    Maître, à 19 mois.   **1838**

G 103. — *Delavigne (Casimir). Poète. 1793-*
    1843.   **1831**

G 104. — *Dupont de l'Eure (Jacques-Charles).*
    Député. 1767-1855.   **av.-1838**

G 105. — *Gay (Delphine, depuis Mme Emile*
    de Girardin). Poète. 1804-1855.   **1828**

G 106. — *Géricault (Jean-Louis-André-Théo-*
    dore). Peintre. 1791-1824.   **1830**

G 107 — *Gœthe (Jean Wolfgang). Poète et*
    philosophe allemand, 1749-1832.   **1829**

G 108. — *Hérold (Ferdinand). Compositeur.*
    1793-1833.   **1814**

G 109. — *Kléber (Jean-Baptiste). Général.*
    1753-1800.   **1831**

G 110. — *Kosciusko (Thadée). Général polo-*
    nais. 1746-1816.   **s. d.**

F. 236. — ÉGLISE SAINT-MACLOU DE ROUEN.
Porte. Bras nord du transept (XVIᵉ *siècle*).

F. 239. — ROUEN, VOUTE DU GROS HORLOGE.
Décoration de l'intrados (XVIᵉ *siècle*).

F. 273. — ÉGLISE DE SAINT-GALMIER.
La Vierge et l'Enfant, dite « La Vierge au Pilier » (XVIᵉ *siècle*).

F. 280. — HOTEL DE LASBORDES, A TOULOUSE.
Fenêtre de la cour attribuée à Nicolas Bachelier (XVI° *siècle*).

G 111. — *Lamartine (Alphonse de Prat dit).
Poète. 1792-1869.* — 1830

G 112. — *Larrey (J.-B.-Dominique). Chirurgien de la Grande-Armée. 1766-1842.* — 1834

G 113. — *Lemercier (Népomucène). Poète. 1772-1840.* — av.-1838

G 114. — *Mars (Mlle). Comédienne. 1779-1847.* — 1833

G 115. — *Mickievicz (Adam). Poète polonais. 1798-1856.* — 1829

G 116. — *Morel (Benjamin). Député.* — 1845

G 117. — *Musset (Alfred de). Poète 1810-1857.* — 1831

G 118. — *Ney (Michel). Maréchal de France. 1769-1815.* — 1845

G 119. — *Ney (Michel). Médaille commémorative de son exécution.* — 1845

G 120. — *Prudhomme (L.). Journaliste. 1752-1830.* — 1830

G 121. — *Récamier (Julie Bernard, Dame). 1777-1849.* — av.-1839

G 122. — *Roland (Manon-Jeanne Phlipon, Dame). Publiciste. 1754-1793.* — 1832

G 123. — *Rouget de l'Isle (Joseph). Auteur de la Marseillaise. 1760-1836.* — 1827

G 124. — *Sainte-Beuve (Charles Augustin). Littérateur. 1804-1870.* — 1828

G 125. — *Tastu (Mme Amable). Poète. 1798-1885.* — av.- 1839

G 126. — *Thoré(Théophile). Publiciste. 1807-
1869.*   1847

G 127. — *Verdier. Député.*

G 128. — *Anonyme.*

DEDIEU, DIT SABLON (JEAN) (1652-1727)

G 129. — *La femme adultère.*

> Statue appartenant à un groupe de la clôture du chœur
> de la Cathédrale de Chartres (19° travée).
> **1681.**
>
> (*Voir clôture du chœur de Chartres. Style Flamboyant
> et Renaissance*).
> (*Voir œuvres de Dedieu, Château et Parc de Versailles*).
> H^r 1 m. 20.

DEFERNEX (J.-B.). († 1783)

G 130. — *Buste de M. de Fondville.*
> Terre cuite.
> 1759.   H^r 0 m. 50.
> (*Musée du Mans*).

DEFRANCE (JEAN-PIERRE).

(ARCHITECTE ET SCULPTEUR).

G 131. — *Fontaine du Gros-Horloge à Rouen.*
> Elevée en 1732 pour remplacer la fontaine Massacre édi-
> fiée au XV° siècle, qui tombait en ruines.
> Elle se compose de deux façades formant un angle ren-
> trant, dans lequel, sur un soubassement portant les mas-
> carons et l'inscription commémorative, est encastré un haut-
> relief consacré à l'histoire fabuleuse du fleuve Alphée et
> de la nymphe Aréthuse.
> Ces deux façades sont d'ordonnance analogue, percées
> de fenêtres aux clefs ornées, aux balcons forgés, encadrées
> au rez-de-chaussée d'assises de congélations, au 1er étage,
> de pilastres chargés de chutes d'attributs. Elles sont couron-
> nées de groupes de génies et d'une arcade saillante timbrée
> d'un écusson et abritant le motif central.

La plaque de marbre noir du soubassement porte l'inscription suivante, en lettres dorées :

Ludovico XV
Regi christianissimo
patri patriæ
Urbis et provinciæ moderatore
amantissimo et munificentissimo
Francisco Frederico Montmorencio
Pari Franciæ, primo barone christiano
fontem hunc,
ornatum imagine Alphei et Arethusæ
quorum fructus amor dat esse perennes
civitas, beneficiorum memor,
æternum obsequii monumentum
dicat, vovet, consecrat,
Anno Sal. MDCCXXXII
Joan. Pat. Defrance, Architect.

Hʳ 10 mètres ; Lʳ 6 m. 40.

DUGOULON (Jules).

G 132-136. *Fragments des boiseries du chœur de* **Notre-Dame de Paris.**

En exécution tardive du vœu de Louis XIII (1638), les boiseries du chœur de Notre-Dame ne furent commencées qu'en 1699 et terminée en 1714.

Elles furent élevées sous la direction d'Hardouin Mansard, par Louis Marteau et Jean Noël, d'après les dessins de Jules Dugoulon, sculpteur du Roi.

Commencement du xviiie siècle.

Bois.

DUMONT (Jacques-Edme) (1761-1844)

G 137. — *Buste de Marceau (S. F. des Graviers. Général de la République, 1769-1796).*

Salon de 1800.

(Musée du Louvre).

Terre cuite.
Hʳ 0 m. 65.

FLAMAND (François Duquesnoy, dit). (1594 1644).

G 138. — *Série de statuettes d'enfants.*

FOUCOU (Jean-Joseph) (1739-1815)

G 139. — *Bacchante portant un petit satyre.*

Ce groupe qui fut longtemps attribué à Clodion, provient du Parc de Fontainebleau et est conservé au Musée du Louvre.

Un groupe semblable, d'échelle moindre, signé J.-J. Foucou, se voit au musée de Marseille.

Marbre. H^r 1 m. 50.

GABRIEL (Jacques-Ange) (1709-1782)

(Architecte).

Hôtel de l'ancien Garde-Meuble de Paris (aujourd'hui Ministère de la Marine).

G 140. — *Chapiteau.*

1768-1772.

GIRARDON (François) (1628-1715)

(*Voir Château et Parc de Versailles*).

GIRAUD (Pierre-François-Grégoire) (1783-1836)

G 141. — *Chien couché.*

Salon de 1827.

(*Musée du Louvre*).

Marbre. H^r 0 m. 80.

G 142. — *Bas-relief. Ethra pleure sur la tête de Phalante, son mari.*

Salon de 1814.

Marbre. H^r 0 m. 90.

GUÉRIN (Gilles) (1606-1678).

(*Voir Château et Parc de Versailles*).

GUIBAL (DIEUDONNÉ-BARTHÉLEMY) (1699-1757).

G 143. — *Fontaine de Neptune, place Stanislas, à Nancy,*

Debout sur une conque que soutiennent un dauphin et un cheval marin, Neptune menaçant, brandit un trident. Au-dessous de lui un fleuve et une naïade.
Pierre et plomb.   H^r 5 m. 60.

HOUDON (JEAN-ANTOINE) (1741-1828).

G 144. — *Saint Bruno.*

Statue colossale exécutée lors du séjour de Houdon à Rome (1761), pour l'église Sainte-Marie-des-Anges.
Debout, tête nue, saint Bruno en costume de Chartreux, croise les bras sur la poitrine.   H^r 3 m. 50.

G 145. — *Diane.*

La déesse est nue, et, levée sur la pointe du pied gauche, s'avance légère, tenant un arc et une flèche.
Plusieurs exemplaires existent de cette statue : en marbre, au Musée de l'Ermitage à St-Pétersbourg ; en bronze, au Musée de Tours (daté 1776). Les deux, sans retouche. L'épreuve du Louvre (1790) dont le moulage est exposé, ainsi qu'une épreuve de la collection Hertford ont au contraire subi une altération.
Bronze.   H^r 2 m. 05.

BUSTES

G 146. — *Diderot (1713-1784).*
1775 Marbre.   H^r 0 m. 56.
                        (*Château de Versailles*).

G 147. — *Duquesnoy (1748-1795).*
Marbre.   H^r 0 m. 80.
                        (*Château de Versailles*).

G 148. — *Franklin (1706-1790).*
                        (*Musée du Louvre*).
1778. Terre cuite.   H^r 0 m. 53.

G 149. — *Jones (J. P.).*
        (*Don de M. J. A. Millet. Académie des Beaux-Arts de New-York*).
1783.   H^r 0 m. 70

G 150. — *Louis XVI*.

Marbre. *(Château de Versailles)*.
H^r 0 m. 95.

G 151. — *Mirabeau (1749-1791)*.

Terre cuite. *(Musée du Louvre)*.
H^r 0 m. 68.

G 152. — *Molière (1622-1673)*.

1778. Marbre. *(Comédie-Française)*.
H^r 0 m. 87.

G 153-154. — *Voltaire (1694-1778)*.

Sous deux aspects différents, l'un sans perruque, l'autre avec, le premier en bronze de 1778, le second en marbre de 1782. H^r 0 m. 45 et 0 m. 70.
(Musée du Louvre).

G 154 *bis* — *Marquis de Méjánes (J.-B. M. de Piquet 1729-1786)*.

Bibliothèque d'Aix-en-Provence.
Marbre.
(Don de M. A. Hallays).

G 155. — *Inconnu*.

Terre cuite. *(Collection particulière)*.
H^r 0 m. 70.

Médaillon

G 156. — *Les frères de Montgolfier*.

(Don de M. Ytasse).
H^r 0 m. 65.

JULIEN (Pierre). (1731-1804).

G 157. — *Nymphe à la Chèvre (Amalthée)*.

Groupe de marbre provenant de la laiterie du Château de Rambouillet. H^r 1 m. 70.
(Musée du Louvre).

LECOMTE (FÉLIX) (1747-1817).

G 158. — *Buste de Marie-Antoinette d'Autriche, Reine de France (1755-1793).*

Salon de 1783.

(Château de Versailles).

Marbre.

H^r 0 m. 85.

Voir : Château et Parc de Versailles.

LEGROS (PIERRE) (1629-1714).

Voir : Château et Parc de Versailles.

LEHONGRE (ETIENNE) (1628-1693).

Voir : Château et Parc de Versailles.

LERAMBERT (LOUIS) (1610-1670).

Voir : Château et Parc de Versailles.

LE LORRAIN (ROBERT) (1666-1743).

G 159. — *Haut-relief couronnant la porte des écuries de l'ancien Hôtel de Rohan, à Paris (aujourd'hui Imprimerie Nationale).*

Cabrés et bondissant dans les nuées et les rayons, les quatre chevaux du Soleil viennent boire dans une large coquille que leur présente un jeune homme.

H^r 3 m. 96; L^r 4 m. 75.

LEMOYNE (JEAN-BAPTISTE) (1679-1731),

G 159^1. — *Buste de Bernard le Bovier de Fontenelle, littérateur et savant (1657-1757).*

(Château de Versailles).

Marbre.

H^r 0 m. 68.

MAGNIER (PHILIPPE) (1647-1715).

Voir : Château et Parc de Versailles.

MASSOU (BENOIT) (1627-1684).

Voir : Château et Parc de Versailles.

MAZELINE (PIERRE) (1633-1738).

Voir : Château et Parc de Versailles.

PAJOU (Augustin) (1730-1809).

G 160. — *Psyché abandonnée.*
>Salon de 1785.
>
>*(Musée du Louvre).*
>
>Marbre.
>H^r 1 m. 75.

G 161. — *Naïade.*
>Figure en bas-relief executée pour la décoration de la fon-
>taine des Innocents, lors de sa transformation et de son
>transfert de l'angle de la rue St-Denis et la rue aux Fers à
>son emplacement actuel.
>Intéressant exemple de restitution moderne à comparer
>avec les figures de Jean Goujon exposées dans la galerie
>de Paris.
>H^r 2 m. 40.

G 161 ¹. — *Buste de François-André Danican dit Phili-
dor.*
>Compositeur, premier joueur d'échecs de son temps
>(1726-1795).
>1783. Terre cuite.
>H^r 0 m. 53.
>*(Collection du Dr A. Jousset).*
>*Don de M. E. Sollier.*

PRADIER (James) (1792-1862).

G 162. — *Atalante attachant sa sandale.*
>Salon de 1850. Marbre.
>H^r 4 m. ; L^r 0 m. 95.
>*(Musée du Louvre).*

G 162 ¹. — *Bacchante et satyre.*
>Terre cuite.
>H^r 0 m. 65.
>*(Collection particulière.*
>*Don du D^r Le Pileur.)*

PRIEUR (Barthélemy) († 1611).

G 163. — *Statue de Marie de Barbançon Cany, 1re femme
de Jacques-Auguste de Thou, provenant du tombeau
élevé dans l'église St-André-des-Arts et conservée au
Musée du Louvre.*
>Figure de priante agenouillée sur un coussin. A ses
>pieds, un petit chien.
>*Voir François Anguier.*
>Commencement du xviie siècle. Marbre.
>H^r 1 m. 34; L^r 1 m. 08.

PUGET (Pierre) (1622-1694).

G 164. — *Porte de l'Hôtel de ville de Toulon.*

Sortant de conques marines décorées de draperies et de coquillages, deux Atlantes soutiennent dans des attitudes de peine et de sonffrance le lourd balcon qui surmonte la porte.

A la clef de l'arcade, couronnée d'un mascaron de sylvain, un écusson aux armes de Toulon.
1655-1657. H^r 6 m. 35; L^r 5 m. 40.

G 165. — *Couronnement de la porte d'une maison, place de la Halle-aux-Poissons, à Toulon.*

Dans un tympan demi-circulaire aux moulures saillantes deux génies tiennent un écusson chargé des initiales G. A.

Deux lions rampent sur la moulure extérieure et la mordent. H^r 2 m. 83; L^r 1 m. 25.

G 166. — *Tête de Christ.*

Cette tête était placée sur la façade de la maison du sculpteur, rue de Rome, à Marseille, avec l'inscription : *Salvator Mundi, miserere nobis.*
Marbre. H^r 0 m. 55.
(Don de M. Magne. Musée de Marseille).

G 167. — *Médaillon de Louis XIV.*

(Musée de Marseille).
Marbre, H^r 0 m 66.

G 168. — *Statuette de faune.*

Maquette d'une statue marbre de 1 m. 57.
Terre cuite. H^r 0 m. 52.

G 169. — *Statuette de saint Ambroise.*

Maquette de la statue exécutée pour l'église de Carignan à Gênes. Terre cuite. H^r 0 m. 47.
(Musée d'Aix).

RAYOL (xviie siècle).
Voir : Château et Parc de Versailles.

RICHIER (Jacob) (1585-1639).

G 170. — *Statue équestre de François de Bonne, duc de Lesdiguières (1543-1627).*

Haut-relief décorant le tympan du portail d'entrée du château de Vizille, exécuté en 1622, par le petit-fils de Ligier Richier.

A cheval, marchant au pas, de profil à droite, le connétable en armes, tête nue, tient de la main droite le bâton de maréchal.

Au-dessous de la statue l'inscription suivante :

Franciscus Bonna Digueriarum

Dux

Par et Mareschallus Franciæ summus excercituum castrorumque

fregiorum Prafectus,

equester hac ærea statua Martis ora ferenti ad vivum exprimitur

An. MDCXXII ætat. LXXVIII

Bronze.   Hᵣ 3 m. 20; Lᵣ 3 m. 30.

ROLAND (Philippe-Laurent) (1746-1819).

G 171. — *Statuette d'Homère chantant.*

Modèle en plâtre de la statue conservée au Musée du Louvre.   Hᵣ 0 m. 80.

(Don de M. H. Marcel).

RUDE (François) (1783-1855).

G 172-173. — *Deux bas-reliefs provenant du château, aujourd'hui détruit, de Tervueren (Belgique).*

La chasse de Méléagre.
Achille et le centaure Chiron.
1816-1827.   Hᵣ 1 m. 12; Lᵣ 2 m. 15.

G 174. — *Buste de La Pérouse (J.-F. de Galaup de), navigateur, 1741-1788.*

1828. Marbre.   Hᵣ 0 m. 85.

(Musée du Louvre).

G 175. — *Jeune pêcheur napolitain jouant avec une tortue.*

Salon de 1833. Marbre.   Hᵣ 0 m. 82.

(Musée du Louvre).

G 176-177. — *Deux figures colossales faisant partie du groupe en haut-relief de l'Arc-de-Triomphe de l'Etoile.*

Le départ des volontaires de la République en 1792.
La Marseillaise. Détail du même.
Ephèbe. Détail du même.
1836.   Hʳ totale du groupe : 12 m. 70 ; Lʳ totale 8 m.

G 178. — *Statue funéraire de Godefroy Cavaignac (1801-1845).*

Bronze.   Lʳ 2 m.
(*Cimetière Montmartre*).

SARRAZIN (Jacques) (1588-1660).

G 179-182. — *Quatre médaillons provenant du monument du cœur de Louis XIII, autrefois dans l'église Saint-Paul-Saint-Louis, à Paris.*

Ce monument érigé en 1643 par ordre d'Anne d'Autriche, dans l'église des Jésuites de la rue Saint-Antoine à l'entrée de la chapelle Saint-Sauveur, fut détruit pendant la Révolution.
La Prudence — La Tempérance — La Justice — La Force. Marbre.   Hʳ 1 m. 30 ; Lʳ 0 m. 75.

G 183. — *Bas-relief attribué à Sarrazin, provenant de l'ancien hôtel d'Effiat, rue du Temple (aujourd'hui détruit).*

Composition allégorique : Le Commerce, sous les traits d'une femme assise s'appuyant sur une rame. Autour d'elle des enfants écrivant des comptes, un génie auprès d'une ruche, et divers attributs de richesse et de prospérité. Au dernier plan, une figure de femme armée d'un foudre poursuit l'Imposture.
Hʳ 1 m, 82 ; Lʳ 2 m. 45.
(*Don de M. Fouquiau, architecte, Musée du Louvre*).

SLODTZ (Sébastien) (1655-1726).
(*Voir : Château et Parc de Versailles*)

TUBY (Jean-Baptiste) (1630-1700).
(*Voir : Château et Parc de Versailles.*)

VEYRIER (Christophe) (1637-1689).

G 184. — *Buste de Pierre Puget, sculpteur (1622-1694)*
Terre cuite.   H^r 0 m. 36.
(Musée d'Aix).

WARIN (Jean) (1604-1672).

G 185. — *Buste de Louis XIII (1601-1643).*
Bronze.   H^r 0 m. 77.
(Musée du Louvre).

G 186. — *Buste du cardinal de Richelieu (1585-1642).*
Bronze.   H^r 0 m. 70
(Bibliothèque Mazarine).

G 187. — *Buste de Louis XIV (1638-1715).*
Marbre.   H^r 1 m. 05.
(Château de Versailles).

Château et parc de Versailles.

Chateau : salon d'Hercule.

G. 188-189. — *Vantaux de porte, desservant à l'origine l'ancien escalier des Ambassadeurs par Philippe Caffieri, 1678.*
Bois.   H^r 1 m. 45 ; L^r 1 m. 02.

G 190. — *Cheminée de marbre, ornée de bronzes dorés entre 1729 et 1735, par Antoine Vassé.*

G 191. — *Plaque de cheminée.*
Fonte de fer.   H^r 1 m. 28 ; L^r 1 m. 27.

G 192. — *Gaine triangulaire.*
    H^r 1 m. 12.

G 193. — *Gaine quadrangulaire.*
    H^r 1 m. 18.

G 194. — *Buste d'une princesse inconnue.*
Marbre.   H^r 0 m. 90.

G 195. — *Buste de Mme Adélaïde de Sardaigne.*
    Marbre.   H^r 0 m. 90.

G 196. — *Cheminée et boiseries du cabinet attenant à la chambre de Louis XVI.*

    Ces boiseries exécutées en 1788 sont attribuées à l'atelier des frères Rousseau.

    La cheminée, en marbre rouge, est décorée de bronzes dont l'auteur resté inconnu, peut,être Gouthière.

PARC, PARTERRE DU NORD, CASCADE DE L'ALLÉE D'EAU.

G. 197. — *Motif central de la face principale : Nymphes au bain, bas-relief par Girardon* (1628-1715).

    Ce bas-relief, en plomb autrefois bronzé, fut exécuté en 1670 d'après un dessin de Claude Perrault.

                                     H^r 2 m. 25; L^r 6 m. 15.

G 198. — *Motif de gauche : Fleuve et enfants portant des corbeilles de fleurs, plombs par Lehongre* (1628-1690).

    Encadrant la figure du Fleuve, deux termes de pierre dont les masques et les pieds sont en bronze.

                                     H^r 2 m. 25; L^r 4 m.

G 199. — *Motif de droite : Fleuve et enfants portant des corbeilles de fleurs, plombs par Legros* (1629-1714).

    Encadrant la figure du fleuve, deux termes de pierre aux masques et pieds de bronze.   H^r 2 m. 25; L^r 4 m.

G 200. — *Face latérale gauche : Nymphe, amour et dauphin, poissons, plombs par Lehongre.*

                                       L^r 8 m. 60.

G 201. — *Face latérale droite : Nymphe, amour et dauphins, poissons, plombs par Legros.*

                                       L^r 8 m. 60.

G 202. — *Bassin du bosquet des Dômes : Partie de la vasque située au centre du bassin, par Girardon et Guérin* (1606-1678).

    Quatre dauphins décorent les pieds.

    XVIIe siècle. Marbre.   H^r 1 m. 32; L^r 2 m. 30.

G 203. — *Fragment de piédestal.*

xvii° siècle. Marbre.   Hᵣ 0. m. 85; Lᵣ 0 m. 42.

G 204-221. — *Dix-huit grands bas-reliefs portant des trophées d'armes, et décorant le socle de la balustrade, par Girardon, Mazeline (1633-1708) et Guérin.*

Marbre.   Hᵣ 0 m. 45; Lᵣ 2 m. 20.

G 222-245. — *Vingt-quatre petits bas-reliefs portant des trophées d'armes, et décorant la partie superieure du socle de la balustrade, par Girardon, Mazeline et Guérin.*

Marbre.   Hᵣ 0 m. 80; Lᵣ 0 m. 80

G 246. — *Fragment de la balustrade et du banc circulaire entourant le bassin, par Girardon, Mazeline et Guérin.*

Marbre.   Hᵣ 4 m. 70; Lᵣ 1 m. 74.

G 247. — *Parterre de Latone : Hercule, terme par Lecomte.*

Vêtu de la peau du lion de Némée, Hercule porte la massue sur l'épaule, et de la main gauche, tient les trois pommes des Hespérides.

Marbre.   Hᵣ 3 m. 05; Lᵣ 1 m. 10.

G 248. — *Bacchante, terme par Jean Dedieu.*

Les cheveux couronnés de lierre, le buste nu, elle frappe sur un tambourin.

Marbre.   Hᵣ 3 m. 05; Lᵣ 1 m. 18.

G 249. — *Parterre d'eau; bassin du Nord : La Dordogne, groupe par Coysevox.*

La rivière la Dordogne est symbolisée par une femme à demi couchée jouant avec un Amour et s'appuyant sur deux urnes rappelant les rivières la Dore et la Dogne, ses affluents.

Sur les urnes, l'inscription : *F.-A. Coyzevox, fondu par les Kellers.*

xvii° siècle. Bronze.   Hᵣ 1 m. 40; Lᵣ 2 m. 55.

G. 250. — *La Garonne, groupe par Coyzevox.*

> Le fleuve la Garonne est symbolisé par un vieillard à demi couché, appuyé sur une urne, et tenant un gouvernail. A ses pieds, un Amour renverse une corne d'abondance.
>
> Sur l'urne, l'inscription : *Fondu par les Kellers, Suisses, 1688.*
>
> Sur la bordure du socle : *A. Coyzevox F. 1686.*
>
> xviiᵉ siècle. Bronze.   Hʳ 1 m. 40 ; Lʳ 2 m. 55.

G. 251. — *Nymphe et Amour, groupe par Magnier* (1647-1715).

> Couronnée de plantes aquatiques, la nymphe à demi couchée tient dans la main droite des coraux et des perles. Elle appuie la main gauche sur un gouvernail, qui porte l'inscription : *Fondu par les Kellers, 1689. Phil. Magnier F.*
>
> Derrière elle, un Amour menace du trident un crocodile.
>
> xviiᵉ siècle. Bronze.   Hʳ 1 m. 40 ; Lʳ 2 m. 55.

G 252. — *Nymphe et Amour, groupe par Magnier.*

> Accoudée sur un coquillage, la Nymphe couchée et demi-nue tient dans sa main droite un plan déroulé au revers duquel on lit : *Phil. Magnier F.*
>
> La main gauche s'appuie sur l'épaule d'un Amour qui, debout sur un dauphin, souffle dans une conque.
>
> xviiᵉ siècle (1670). Bronze.   Hʳ 1 m. 40 ; Lʳ 2 m. 55

G 253. — *Allée d'eau : Trois petits satyres supportant une vasque, groupe par Legros* (1629-1714).

> xviiᵉ siècle (1670). Bronze   Hʳ 1 m. 55 ; Lʳ 1 m. 15

G 254. — *Trois petits Termes supportant une vasque, par Lerambert* (1610-1670).

> xviiᵉ siècle (1670). Bronze.   Hʳ 1 m. 55 ; Lʳ 1 m. 15

G 255. — *Parterre d'eau : Groupe d'enfants, par van Clève* (1645-1732).

> L'un deux tient une couronne, l'autre porte un carquois et un bouquet de plantes aquatiques, le troisième souffle dans une conque.
>
> xviiᵉ siècle. Bronze.   Hʳ 1 m. 75 ; Lʳ 1 m. 15.

G 256. — *Groupe d'enfants jouant avec un cygne.*

> xviiᵉ siècle. Bronze.   Hʳ 1 m. 75 ; Lʳ 1 m. 15.

G 257. — *Groupe d'enfants*.

L'un porte un flambeau, les deux autres, des guirlandes de fleurs.
Bronze.   H^r 1 m. 75 ; L^r 1 m. 15.

G 258. — *Groupe d'enfants*.

L'un tient un oiseau, les deux autres des coquillages et des coraux.
xviie siècle. Bronze.   H^r 1 m. 75 ; L^r 1 m. 15.

G 259. — *Terrasse du Château : Vase de la Guerre, par Coyzevox*.

Ce vase est orné de bas-reliefs allégoriques imités des peintures de la,grande galerie (Défaite des Turcs en Hongrie. — Suprématie de la France sur l'Espagne).
Des têtes de Satyres couronnées do pampres forment les anses.
xviie siècle. Marbre.   H^r 2 m. 25.

G 260. — *Vase de la Paix, par Tuby (1630-1700)*.

Ce vase est orné de bas-reliefs allégoriques rappelant la paix de Nimègue et la paix d'Aix-la-Chapelle.
Une Renommée porte une tablette sur laquelle est gravée l'inscription :

Pace in leges suas confecta Neomagi MDCLXXIX.

Ces deux vases furent exécutés sur des croquis fournis par Le Brun.
xtii^e siècle. Marbre.   H 2 m. 25.

G 261-262. — *Bosquet de la salle de bal : Deux vases, par Lehongre (1628-1690)*.

xviie siècle. Plomb.   H^{r}1 m. 10.

G 263. — *Torchère, par Lehongre*.

En forme de trépied, sur sabots de boucs, cette torchère décorée de trophées d'instruments de musique, de bacchantes, de têtes de satyres, de congélations, se termine par une vasque destinée à porter un fanal.
xviie siècle. Plomb.   H^r 2 m. 19 ; L^r 0 m. 89.

G 264. — *Torchère par Massou (1627-1683)*.

De forme semblable à la précédente, cette torchère est ornée de coquilles, de guirlandes, de fleurs de lis, de masques de folies et de trophées d'instruments de musique.
xviie siècle. Plomb.   H^r 2 m. 31 ; L^r 1 mètre.

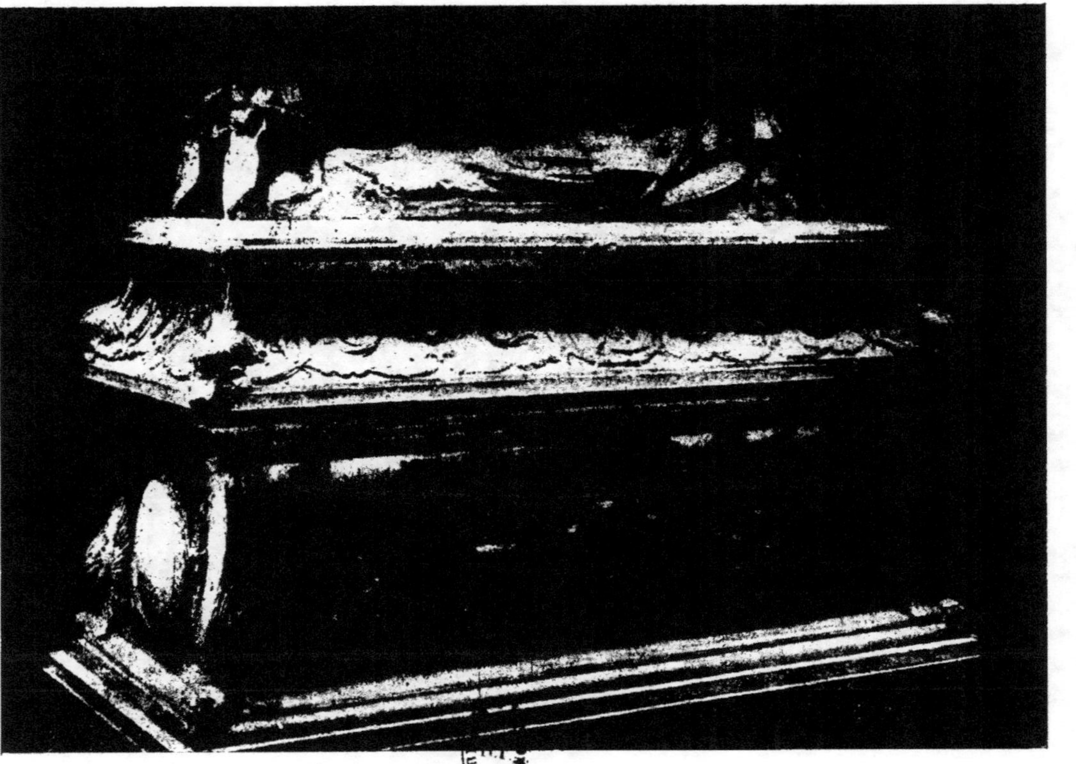

F. 283. — CATHEDRALE DE TOURS.

Tombeau des enfants de Charles VIII et d'Anne de Bretagne, par Guillaume de Regnault et Jérôme de Fiésole

(*Commencement du XVIᵉ siècle*).

F. 293. — ÉGLISE SAINT-JEAN, A TROYES.
La Visitation (XVIe *siècle*).

F. 294. — ÉGLISE DE LA MADELEINE, A TROYES.
Sainte Marthe (XVIe *siècle*).

G. 164. — HOTEL DE VILLE DE TOULON.
Porte exécutée par Pierre Puget, de 1655 à 1657.
G. 145. — MUSÉE DU LOUVRE.
Diane, par Houdon (1790).

C 265. — *Grande allée du Tapis-Vert : Partie d'un vase par Rayol.*

> Le corps du vase est orné de cornes d'abondance.
> XVII^r siècle. Marbre.   H^r 2 m. 40 ; D^e 1 m. 49.

G 266. — *Partie d'un vase par Slodtz (1655-1726).*

> Fleurs de tournesol.
> XVIIe siècle. Marbre.   H^r 2 m. 40 ; L^r 1 m. 49.

G 267. — *Bosquet de la Colonnade : l'Enlèvement de Proserpine, groupe par Girardon.*

> Elevé au centre de l'élégante colonnade construite par Mansard, ce groupe, œuvre maîtresse de Girardon, fut exécuté sur un dessin de Lebrun et est daté de 1699.
> Pluton enlève dans ses bras Proserpine qu'une de ses compagnes renversée cherche à retenir.
> Sur le piédestal, en bas-relief, les divers épisodes de l'enlèvement.
> XVIIe siècle. Marbre.   H^r 4 m. 70.
> Ce groupe faisait partie de la commande de quatre « Enlèvements » faite par Colbert pour le premier parterre d'eau. — Deux de ces groupes sont aux Tuileries.

G 268. — *Miséricordes et accoudoir des stalles de l'église* **d'Aubazine (Corrèze).**

> Têtes d'hommes et de femmes.
> Aucune signature ne figure sur ces boiseries, mais la date 1719.
> Bois.   H^r 0 m. 25 ; L^r 0 m. 25.

C 269. — *Bas-relief décorant le portail du cimetière de l'ancienne* **Chartreuse de Bordeaux.**

> La Salutation angélique.   H^r 1 m. 48 ; L^r 2 m. 20.

Église de Moussy-le-Vieux. (S.-et-M.)

G 272¹. — *Statue funéraire (priante) de Anne Dauvet, 2e femme de Philippe le Bouteiller de Senlis,*

> Provenant du mausolée élevé par Jean Le Bouteiller leur fils dans le chœur de l'église qu'ils avaient fait construire.

G 270-272. — *Linteau et clefs d'arcs provenant de* **maisons de Caen.**

> H^r 1 m. 90, 1 m. 25 ; L^r 1 m. 40.

Au Musée de Nevers :

G 273. — *Buste d'inconnue.*

> On a supposé qu'il représente Mme Roland ; il est dit aussi de Mme de Sabran, mais on n'a pu jusqu'ici déterminer son identité, ni son auteur.
> Quatrième quart du XVIIIe siècle. Terre cuite. H^r^ 0 m. 60.

Hôtel de Soubise, à Paris

G 273¹. — *Panneau de lambris.*

> Le renard et les raisins.

G 273². — *Soubassement de lambris.*

> XVIIIe siècle. (L. XV). Bois.

G 274. — *Marteau de porte de* **l'Hôtel des Monnaies, à Paris.**

> Masque de lion tenant dans la gueule deux serpents mordant une pomme qui sert de battoir.
> Bronze. H^r^ 0 m. 46; L^r^ 0 m. 90.

FRAGMENTS DE PROVENANCE INDÉTERMINÉE CONSERVÉE AU **Musée des Arts Décoratifs à Paris.**

G 274¹. — *Dessus de porte.*

> XVIIe (L. XIV). Bois.

G 274². — *Petit panneau de meuble.*

> XVIIIe (Régence) Bois.

G 274³. — *Dessus de porte.*

> XVIIIe (L. XV). Bois.

G 274⁴. — *Clef de porte cochère et fragment provenant d'une maison qui existait sur l'emplacement de la Bourse, à* **Paris.**

> *(Don de l'École Boulle).*

G 275. — *Plaque de cheminée de provenance indéterminée, datée 1663.*

Château de Rambouillet (S.-et-O.)

G 76. — *Boudoir des « Appartements d'Assemblée ».*

Il est de forme ovale et les panneaux des murs sont tapissés de treillis à semis de fleurs, et de guirlandes, exécutés en plein bois. La gorge du plafond est décorée de stucs — les Saisons, les Parties du Monde — inscrits dans des médaillons que relie une frise d'arabesques au milieu desquels apparaissent les signes du zodiaque. Le monogramme orné M. V. S. N est celui de Marie-Victoire-Sophie de Noailles.

Cette œuvre anonyme et l'attribution qui en a d'abord été faite à Antoine Vassé, semble devoir faire place à celle de Jacques Verberckt, l'auteur de boiseries analogues, au Château de Versailles.

L^r 5 m. L^r 3m. 82. H^r 4 m. 68.

1re Moitié du xviiie siècle — (L. XV) Bois et stuc.

G 277. — *Buste de la statue funéraire de Françoise de Soyécourt († 1620). Conservée dans l'église de Tilloloy (Somme).*

H^r 0 m. 68.

MONUMENTS ÉTRANGERS [1]

ANTIQUITÉ

ART ÉGYPTIEN

**H 1. — *Le Cheik El-Beled. Statue de Ramke, surinten-
dant des travaux, trouvée dans un puits funéraire
de la nécropole de Memphis, à* Sakkarah.**

> Cette statue est en bois d'acacia recouvert d'un stuc
> peint en rouge et en blanc.
> Les yeux, rapportés, sont formés d'une enveloppe de
> bronze enchâssant l'orbite de quartz. La prunelle est en
> cristal de roche.
> Les fellahs qui découvrirent cette figure, frappés de sa
> ressemblance avec le maire de Sakkarah, l'appelèrent
> « Cheik El-Beled », nom qui lui est resté.
> Les pieds sont modernes.
> ive dynastie. Vers 3000 av. J.-C.
> Bois.
> H^r 1 m. 18.
> *(Musée du Caire).*

**H 2. — *Buste de femme, trouvé dans un puits funéraire
de la nécropole de Memphis, à* Sakkarah.**

> Ce buste, découvert dans la tombe de Ramke, est sans
> doute celui de la femme du surintendant des travaux.
> *(Voir le numéro précédent).*
> *(Musée du Caire).*

(1) Afin de permettre de suivre — en un résumé très succinct — le développement de l'Art dans ses différents centres, il a paru intéressant de joindre aux moulages dont le nombre est encore restreint, des photographies complémentaires de monuments de diverses époques.

H 3. — *Chéphren.* — *Statue trouvée dans un puits funéraire du temple du Sphinx,* à **Giseh.**

Le roi, fondateur de la deuxième pyramide, est assis,
coiffé du *klaft,* presque nu, le *schenti* autour des reins.

Il porte une barbe postiche, la barbe osiriaque, et derrière sa tête se dresse un épervier, symbole de protection.

Les **bras sont** allongés sur les genoux, la main droite
tient un rouleau.

Le trône est orné de plantes symboliques, de têtes et
de griffes de lions.

(Musée du Caire).

IVe dynastie. Diorite   H^r 1 m. 70; L^r 0 m. 50.

H 4-7. — *Bas-reliefs du tombeau de Ti.*

Ces quatre bas-reliefs, polychromes, représentant des
scènes rurales, proviennent d'un ensemble de tableaux du
même genre qui décoraient toute une salle du *mastaba* de
Ti, dans la nécropole de Memphis, à Sakkarah.

V^e dynastie.   H^r 0 m. 45, 0 m. 37; L^r 1 m. 05.

H 8. — *Tête de Tahraka, dernier roi de la dynastie
éthiopienne.*

XXVe dynastie, vers 700 av. J.-C.

(Musée du Caire).

Granit.   H^r 0 m. 35.

H 9. — *Buste d'Horus.*

Coiffé du *klaft,* orné de l'*ureus,* le dieu porte la barbe
osiriaque.

(Musée du Caire).

XXVe dynastie. Granit.   H^r 0 m. 37.

H 10. — *La vache Hathor et le prêtre Psamétik.* —
*Groupe provenant, avec les statues d'Osiris et d'Isis
d'un monument funéraire de la nécropole de Memphis,
à* **Sakkarah.**

Vêtu d'une longue robe, le prêtre Psamétik est debout
entre les jambes de la déesse Hathor sous sa forme de
vache.

(Musée du Caire).

XXXe dynastie. Basalte vert.   H^r 1 m.; L^r 1 m. 07.

H 11. — *Osiris.* — *Statue provenant du monument funéraire du prêtre Psamétik,* à **Sakkarah.**

Coiffé de l'*atew,* haute mitre ornée de l'*ureus* et de plumes d'autruche, le dieu est assis, tenant le fouet et le crochet symboles de l'autorité souveraine.

(Musée du Caire).

Basalte vert.   Hʳ 0 m. 90.

H 12. — *Isis.* — *Statue provenant du monument funéraire du prêtre Psamétik, à* **Sakkarah.**

Coiffée du diadème à cornes de vache, la déesse est assise, tenant de la main droite la croix ansée au Tau sacré, signe de la vie divine.

(Musée du Caire).

Basalte vert.   Hʳ 0 m. 90.

H 13. — *Tête d'une statue d'homme.*

(Don de S. E. Hamdy-Bey).

Hʳ 0 m. 22.

H 14. — *Sekhet.*

La déesse à tête de lionne, couronnée du disque orné de l'*ureus* est assise, les bras étendus sur les genoux. De la main gauche elle tient le Tau sacré.

(Musée du Louvre).

Granit.   Hʳ 0 m. 71.

H 15. — *Fragment d'un chapiteau hathorique.*

Hʳ 0 m. 28 ; Lʳ 0 m. 25.

ART ASSYRIEN

H 16. — *Bas-relief provenant de Nimroud, conservé au* **Musée Britannique.**

Siège d'une ville fortifiée par le roi Assourbanipal.

Pierre,   Hʳ 0 m. 95 ; Lʳ 3 m. 40.

H 16¹. — *Bas-relief provenant du Palais de Kioundjik à Ninive, conservé au* **Musée britannique.**

Lionne blessée.
Règne d'Assourbanipal. — vıı° siècle av. J.-C.
Pierre

(Legs Rodin).

ART CLASSIQUE

H 16². — *Anse d'une hydre.*

> Trouvée dans un tumulus à Grachwill près de Berne.
> (Suisse).
> Bronze. Art grec — de l'an 900 à l'an 500 av. J.-C.
> (*Musée de Berne*).

H 17-18. — *Deux têtes viriles.*

> Style archaïque.
> (*Musée de Berlin*).
> H^r 0 m. 38.

H 19. — *Bas-relief de l'architrave du temple d'Assos, en Troade (Mysie).*

> Scène de banquet.
> L'original, conservé au Musée du Louvre, fut donné à la France par le sultan Mahmoud II, en 1838.
> vi° siècle av. J.-C. Pierre.   L^r 3 m. 02 ; H^r 0 m. 75.

H 20. — *Statue d'Athéné,* à Egine (Grèce).

> Armée de la lance et du bouclier, couverte de l'égide, la déesse, debout et impassible, préside au combat que les Troyens et les Grecs se livrent autour du corps de Patrocle.
> Les statues du temple d'Egine, découvertes au nombre de dix-sept, en 1811, et achetées en 1812 par le roi de Bavière, furent restaurées par Thorwaldsen.
> Restauration : le nez, la main droite, deux doigts de la main gauche, quelques parties du vêtement et de l'égide.
> Premier quart du v° siècle avant J.-C.
> (*Glyptothèque de Munich*).
> Marbre.   H^r 1 m. 80 ; L^r 1 m.

H 21. — *Guerrier blessé. — Statue provenant du fronton oriental du temple d'Athéné,* à Egine.

> Le corps nu, coiffé du casque à nasal orné du long cimier, armé du bouclier circulaire et de l'épée, le Troyen blessé tombe affaissé sur le sol.
> Cette figure occupait l'angle gauche du fronton oriental et faisait partie d'une scène qui semble être le combat d'Hé-

raklès et de Télamon, fils d'Eaque, roi d'Egine, contre le roi troyen Laomédon, autour du corps d'Oiklès.
Nombreuses restaurations de Thorwaldsen.

(Glyptothèque 1e Munich).

Premier quart du v⁰ siècle avant J.-C.
Marbre.   Hʳ 0 m. 75 ; Lʳ 1 m. 70.

H 22. — *Statue d'Héraklès, provenant du fronton oriental du temple d'Athéné, à* **Égine.**

Coiffé d'un casque fait d'une tête de lion, vêtu d'une cuirasse en cuir lacée sur une tunique sans manches, Héraklès est agenouillé décochant une flèche.
Restauration : l'avant-bras droit, les deux mains, la jambe gauche.
Premier quart du v⁰ siècle avant J.-C.

Hʳ 0m. 85 ; Lʳ 0 m. 82.
(Glyptothèque de Munich).

H 22¹. — *Stèle funéraire de Philis, fille de Kléomidès, provenant de l'île de Thasos.*

En faible relief, de profil à droite, la jeune fille est assise tenant sur les genoux un coffret à bijoux.
Première moitié du v⁰ siècle avant J.-C.
Marbre.

(Musée du Louvre).

H 23. — *Cariatide soutenant l'entablement du portique de l'Erechteion, double temple de Minerve Poliade et de Neptune Erechtée, à* **Athènes.**

L'Erechteion présente, sur sa façade orientale, une tribune à portique, dont l'entablement est supporté par six cariatides, quatre sur la face antérieure, deux sur les faces latérales, les unes et les autres disposées dans le même sens, de composition identique et ne différant entre elles que par un détail de l'attitude ; celles de droite, en effet, s'appuient sur la jambe gauche, celles de gauche, sur la jambe droite.
L'original de la cariatide moulée fut enlevé par lord Elgin, transporté à Londres, et acheté en 1816 par le Gouvernement anglais.
C'est une figure de jeune fille, debout, arrêtée, les bras au corps. Elle est vêtue du diploïdon, agrafé aux épaules, et du long chiton, tenu à la taille par une ceinture. Un

coussinet posé sur les cheveux tombants établit la liaison
avec le chapiteau supportant l'entablement.

(Musée Britannique).

Fin du v° siècle avant J.-C.
Marbre.   H^r 2 m. 35 ; L^r 0 m. 60.

H 24-26. — *Statues connues sous le nom de Danseuses
d'Herculanum.*

Ces statues, trouvées en 1754 dans une villa d'Herculanum, avec trois autres figures de mouvement analogue,
sont vraisemblablement, non des répliques, mais des
originaux grecs datant de la fin du v° siècle ou du commencement du iv°.
— Arrêtée, la jeune fille, les bras levés, s'apprête à
agrafer sur l'épaule droite le péplos déjà fixé sur l'épaule
gauche. — La danseuse s'avance, tenant des deux mains
le péplos écarté.
— La danseuse, le bras droit arrondi au-dessus de la
tête, saisit de la main gauche les plis de sa robe.
Fin du v° siècle ou commencement du iv° avant J.-C.
Bronze.   H^r 1 m. 55.

(Musée de Naples).

H 27. — *Tête d'Apollon trouvée en 1756,* **à Herculanum.**
Commencement du v° siècle avant J.-C.
Bronze.   H^r 0 m. 60.

(Musée de Naples).

H 27¹. — *Statue de jeune homme, dit « l'Idolino » trouvée*
à **Pesaro.**

Ephèbe debout, entièrement nu. La main droite tenait
une coupe à libations.
Milieu du v° siècle avant J.-C.
Bronze.   H^r 1 m. 40.

(Musée des Offices, à Florence).
Léguée par le peintre Jean-Paul Milliet.

H 28. — *Statue de Mausole, provenant du* **Mausolée
d'Halicarnasse (Grèce).**

Ce monument fut élevé en 352 avant J.-C. par Artémise.
reine de Carie, à la mémoire de son époux Mausole. Il
était entouré de trente-six colonnes, surmonté d'une pyramide à degrés, couronnée d'un quadrige de marbre, et
décoré de frises et de statues dues aux sculpteurs Scopas,
Briaxis, Timothée, Léocharès et Pithès, et il fut longtemps
considéré comme une des merveilles du monde.

Les débris du Mausolée, détruit en 1452 par les Cheva-
liers de Rhodes, furent retrouvés en 1846 et 1856 et trans-
portés à Londres.
Milieu du IVᵉ siècle avant J.-C.
Marbre.   Hʳ 3 m. 10 ; Lʳ 1 m.
(Musée Britannique).

H 29. — *Hermès portant Dionysos enfant, groupe par Praxitèle.*

Ce groupe fut découvert en 1877 à l'entrée du temple
d'Héra à Olympie.
Milieu du IVᵉ siècle avant J.-C.
Marbre.   Hʳ 2 m. 25.
(Musée d'Olympie).

H 30. — *Pied droit de la statue d'Hermès.*

(Voir le numéro précédent).

H 31. — *Déméter voilée, buste trouvé* à Apollonie d'Epire.

L'original a été en partie restauré.
Marbre.   Hʳ 0 m. 58.
(Musée du Louvre).

H 32-33. — *Bas-reliefs trouvés* à Herculanum.

Quᵃdriges dits de l'*Hercule Mélampyge.*
Les originaux ont été déposés par M. le duc de Loulé au
Musée de Lisbonne.
Marbre.   Hʳ 0 m. 76 ; Lʳ 1 m. 45.

H 33 *bis*. — *Fragment d'un pied de candélabre conservé* au Musée d'Aix-en-Provence.

Marbre.
(Don de M. A. Hallays).

H 34. — *Buste d'enfant, conservé* au Musée d'Arles.

Ce buste, provenant peut-être du théâtre fut retrouvé en
1857 parmi les matériaux ayant servi à combler la crypte
de l'Abbaye de Saint-Césaire.
Le style et certains caractères de la physionomie permettent d'y voir Marcellus, fils d'Octavie, neveu d'Auguste,
mort à 18 ans, l'an 23 avant J.-C.
Marbre.   Hʳ 0 m. 23.

H 35. — *Statuette de Vénus, conservée* **au Musée d'Arles.**

Marbre. H^r 0 m. 68.

H 36. — *Fragments provenant de la colonne Trajane.*

Le Sénat romain fit élever cette colonne par l'architecte Apollodore, en l'honneur de Trajan, après la conquête de la Dacie.
98-104 après J.-C.
Marbre.

H 37. — *Buste d'Antonin le Pieux († 161).*

IIe siècle. Bronze.

H^r 0 m. 90.
(*Musée de Naples*).

H 38. — *Buste de Faustine, femme d'Antonin le Pieux († 141).*

IIe siècle. Bronze.

H^r 0 m. 90.
(*Musée de Naples*).

MOYEN AGE. — RENAISSANCE
TEMPS MODERNES

ALLEMAGNE

l 1. — *Fragments et chapiteaux provenant de la cathé-drale de* **Bonn.**

> Style roman, XIIIe siècle.

Cathédrale de Mersebourg (Saxe).

l 2. — *Plaque tumulaire du duc Rodolphe de Souabe. Elu roi de Germanie en 1077 († 1080).*

> En faible relief, sauf la tête, le roi est debout, éperonné, vêtu du bliaud et du manteau, portant la couronne fermée.
> De la main droite il tient le sceptre, de la gauche, le globe crucifère.
> XIe siècle. Bronze.   H^r 2 m,; L^r. 0 m. 71.

Cathédrale de Bamberg.

l 3. — *Groupe de l'ébrasement gauche du portail principal, dit portail du Jugement.*

> Un apôtre (saint Pierre) debout sur les épaules d'un prophète.   H^r 1 m. 95.

l 4. — *Statue allégorique de la Synagogue, placée à droite du portail principal.*

> Jeune fille debout, les yeux bandés, tenant de la main

droite la hampe d'un étendard brisé, et de la gauche un jeu de tablettes renversées.   Hr 1 m. 85.

I 5. — *Statue allégorique de l'Eglise, placée à gauche du portail principal.*

Jeune fille debout, couronnée. Les mains aujourd'hui brisées, tenaient un étendard et un calice.

Hr 1 m. 90.

I 6. — *Statue de l'empereur Henri II, décorant l'ébrasement gauche du portail de la tour Sud-Ouest, dit portail d'Adam.*

Debout, couronné, de la main droite il tient un sceptre et de la gauche un globe autrefois surmonté d'une croix.

Hr 1 m. 80.

I 7-8. — *Sainte Élisabeth et la Vierge Marie, statues adossées à des piliers de la nef.*

Elles semblent avoir été faites pour former un groupe de la Visitation.

Elles présentent beaucoup d'analogie avec celles de Reims.   Hr 1 m. 90.

I 9. — *Statue équestre de l'empereur Conrad III (?) adossée à un pilier de la nef.*

Certains auteurs considèrent cette statue comme celle de St Wenceslas; d'autres y voient l'effigie de Conrad III.

Les deux hypothèses sont plausibles, car sans être aussi nombreuses que les figures équestres de saints, celles de grands personnages bienfaiteurs dés églises, y ont quelquefois eu place. (Notre-Dame de Paris, Boulogne-sur-Mer, Tréguier, Metz; vitraux de Reims, Strasbourg et Troyes).

XIII°   Hr 2 m. 60; Lr 2 m.

Cathédrale d'Hildesheim.

I 10. — *Fonts baptismaux.*

Cuve circulaire, à couvercle conique, supportée par quatre personnages, symboles des fleuves du Paradis, trois en costume civil, un en costume militaire. Ils ont un genou en terre et déversent des urnes. Les quatre Vertus, Tempérance, Force, Justice et Prudence sont figurées dans des cercles au-dessus de leurs têtes, ainsi qu'en témoignent les inscriptions. Les cercles supérieur et inférieur de la cuve portent les vers suivants :

> *Tremperiem Geon terre designat hiatus*
> *Est velox Tigris quo fortis significatur ;*
> *Frugifer Eufrates est justitia que notatus*
> *Os mutans Phison est prudenti similatus*
> *Quatuor irrorant paradisi flumina mundum,*
> *Virtutesque rigant totidnm cor crimine mundum*
> *Ora prophetarum que vaticinata fuerunt*
> *Hec rata scriptores evangelii cecinerunt*
> *Mundat ut immunda sacri batismatis unda*
> *Sic juste fusus sanguis lavachri tenet usus ;*
> *Post lavat attracta lacrimis confessio facta*
> *Crimine fedatis, lavachrum fit opus piet atis*

Le pourtour de la cuve est décoré de quatre bas-reliefs, abrités sous des arcades tréflées :

Conduits par Moïse, les Hébreux traversent la Mer Rouge.

> *Per mare per Moysen fugit Egyptum genus eorum*
> *Per Christum lavachro fugimus tenebras viciorum*

Josué et les Hébreux traversent le Jourdain en portant l'Arche d'alliance.

> *Ad patriam Josue duce flumen transit Hebreus*
> *Ducimur ad vitam te duce fonte Deus*

Le baptême de Jésus-Christ.

> *Hic baptizatur Christus quo sanctificatur*
> *Nobis baptisma triduens in flamine crisma*

La Vierge et l'Enfant et le donateur, l'évêque Wilbernus.

> *Wilbernius venie spem dat laudique Marie*
> *Hoc decus ecclesie suscipe Christe pie.*

Dans les médaillons qui surmontent les colonnettes, les prophètes, Isaïe, Jérémie, Daniel, Ezéchiel, et au-dessus, les symboles des évangélistes, tous quatre à corps humain, selon la coutume de l'école Rhénane.

Le couvercle, couronné d'un fleuron, est également décoré de quatre bas-reliefs encadrés d'arcades tréflées et de quatre figures de prophètes déroulant des phylactères.

La floraison de la verge d'Aaron.

> *Flores mei fructus honoris et honestatis*
> *Virga viget flore parit alma vigente pudore*

Le Massacre des Innocents.

> *Herodes — Quos dolor ostenta cruora crudele cruentas*

La Madeleine aux pieds du Christ.

> *Spe reficit pectus lacrimis u flente refectus*
> *Hic si esset phopheta sciret utique*
> *Qualis et que est mulier que tangit eum.*

Les six œuvres de miséricorde qui sont : secourir la nudité, la faim, la soif, les fatigues du voyage, la maladie, la captivité.

Misericordia
Das veniam sceleri per opes inopem misereri
Frange esurienti panen tuum, et egenos vagosqve induc in domum
[tuam]

XIII° siècle. Bronze.   H^r 1 m. 25.

Cathédrale de Lubeck.

I 11. — *Tympan du portail.*

Christ de Majesté dans une gloire soutenue par deux anges. Rinceaux et rosaces encore romans.

H^r 0 m. 95 ; L^r 2 m. 45.

Cathédrale de Naumbourg.

I 12. — *Statue funéraire de l'évêque Hildeward.*

Couché sur une dalle, l'évêque porte les attributs pontificaux.

XIII° siècle.   H^r 2 m.

I 13. — *Statue du comte Eckart, adossée à un pilier de la nef.*

Coiffé du bonnet et de la toque, le comte est vêtu d'une cotte fermée par une croix d'orfèvrerie et recouverte d'un surcot.

Il s'appuie sur un écu triangulaire et sur une longue épée, autour de laquelle s'enroule un baudrier.

XIII° siècle.   H^r 2 m. 10.

I 14. — *Statue de la comtesse Regelynd, femme du comte Hermann, adossée à un pilier du chœur.*

Coiffée d'une toque ornée de pierreries, retenue par une mentonnière, vêtue d'une robe à fermail, la comtesse est debout, relevant et maintenant des deux mains le manteau jeté sur ses épaules

XIII° siècle.   H^r 2 m. 10.

I 15. — *Torse du Christ en croix du cimetière de Bade, par Nicolas Geraert de Leyde († 1493).*

H^r 0 m. 90.

I 16-17. — *Bustes dits de Jacques de Lichtenberg, comte de Hanau et de Barbe de Hottenheim, sa maîtresse, attribués à Nicolas von Leyen (Nicolas Geraert de Leyde († 1493).*

Ces deux bustes furent sculptés en 1463 sur les portes intérieures de la Chancellerie de Strasbourg.

Transportés au XVIe siècle à l'Hôtel de Ville, puis à la Bibliothèque, ils furent détruits en 1870 lors du bombardement de la ville.

La tradition qui y voit des portraits ne repose sur aucun document; l'attribution à Nicolas Geraert est fondée sur l'analogie de l'œuvre avec le Crucifix du cimetière de Bade qu'il a signé.

Ces figures sont très analogues aux bustes-reliquaires de Wissembourg, dont on ne connaît pas l'auteur, et leur similitude avec les bustes de prophètes et de sibylles des stalles d'Ulm, œuvre des Syrlin, peut faire penser qu'ils représentent aussi deux personnages de l'Ancien Testament.

Milieu du XVe siècle.   Hr 0 m. 45; Lr 0 m. 35.

I 18. — *Buste de Frédéric III le Pacifique, empereur d'Allemagne (1440-1493) provenant de la Bibliothèque de Versailles, aujourd'hui au* Musée du Louvre.

Fin du XVe siècle. — Ecole Germano-Italienne.
Bronze.   Hr 0 m. 48.

Hôtel de ville de Nuremberg.

I 19. — *Statue de Vierge de Calvaire connue sous le nom de la Prieuse.*

La Vierge est debout, les mains jointes et tordues dans un geste de douleur. Vêtue d'une longue robe, elle porte une guimpe qui lui couvre le menton, et son voile est drapé sur une coiffure germanique à la mode de l'époque.

Cette statue qui accompagnait originairement le Crucifix de la chapelle échevinale, est aujourd'hui au Musée Germanique. Elle a été successivement attribuée à Veit Stoss, puis à Peter Vischer ou à l'un de ses fils.

Fin du XVe siècle ou commencement du XVIe.
Bois.   Hr 1 m. 56.

G. 197. — PARC DU CHATEAU DE VERSAILLES.

« Nymphes au bain », par Girardon (XVIIe *siècle*).

G. 159. — ANCIEN HOTEL DE ROHAN, A PARIS.
Haut-relief couronnant la Porte des Écuries, par Robert le Lorrain (XVIIᵉ *siècle*).

G. 131. — ROUEN.
Fontaine du Gros Horloge (1732), par J. P. Defrance.

G. 12. — COMÉDIE FRANÇAISE.
Jean Rotrou, par Caffiéri (Salon de 1783). Marbre.

Église Notre-Dame de Lubeck.

20. — *Plaque tumulaire de la famille Wigirinck, attribuée à Peter Vischer.*

> Abrité sous une niche dans le style de la Renaissance,
le blason de la famille, timbré d'un heaume à lambrequins, sommé de deux masses d'armes.
> Aux angles de la dalle, blasons dans des médaillons
circulaires portant en exergue une inscription.
> Sur le socle de la niche, dans un tympan demi-circu-
laire, deux êtres chimériques, homme et femme se livrent
un combat.

> *Anno Domini M.D.XVIII mensis Aprilis XXIIII obiit Godhardus*
> *[Wigerinck civis]*
>
> *Lubeck Orate pro eo*
> *An MCCCCXCVII die IIII jul obiit Anna Wigerinck*
> *An MDX die XIII janu obiit Anna Wigerinck*
> *An MDXI die III julii obiit Anna Wigerinck.*
> *An MD*

> XVIe siècle.

> Bronze. H^r 2 m. 20; L^r 1 m. 20.

21. — *Rétable.*

> Encadré d'architecture flamboyante, un haut-relief
représentant en un seul panneau diverses scènes de la
Passion
> Le soubassement est divisé en quatre niches abritant
les figurines de saint Sébastien, saint Georges, saint
Christophe.
> XVIe siècle. Bois. H^r 2 m. 35; L^r 1 m. 95.

Église Saint-Jacques de Lubeck.

22. — *Rétable.*

> En haut-relief, le lavement des pieds.
> XVIe siècle. Pierre. H^r 0 m. 80; L^r 1 m. 90.

23. — *Bas-relief par Peter Vischer, conservé à Munich.*

> Le couronnement de la Vierge.
> Dans les nuées, entourée d'angelots, la Vierge est à
genoux, les mains jointes.

Le Père et Dieu le Fils posent sur sa tête une couronne. Au-dessus, le Saint-Esprit.

Dans l'angle inférieur gauche, présenté par Saint Jean l'Evangéliste, le donateur et ses armoiries. *Ave regina cælorum.*

Une banderole accostée d'anges musiciens surmonte cet ensemble et porte la légende :

Ad summum Regina thronum
Defertur in altum
Angelicis prelata choris cui festus et ipse
Filius occurrens matrem super ethera ponit

XVI° siècle. Marbre.   H^r 0 m. 95. ; L^r 0 m. 98.

Église collégiale de Romhild près de Meiningen (Saxe).

I 24. — *Plaque tumulaire du comte Hermann VIII de Henneberg († 1535) et d'Elisabeth de Brandebourg sa femme († 1507).*

Ce monument aurait été exécuté par Peter Vischer d'après les dessins d'Albert Durer, mais Peter Vischer étant mort en 1529, cette attribution semble contredite par la date 1532, gravée sur la dalle, à moins toutefois que l'inscription ne soit postérieure aux figures.

Sous une arcature tréflée ornée de crochets et d'enfants nus, le comte, cuirassé et casqué, est debout, appuyé sur son épée et portant une bannière.

La comtesse, en robe d'apparat les mains croisées, la droite posée sur des patenôtres pendant à la ceinture. A leurs pieds, un lion et un chien.

XVIe siècle. Bronze.   H^r 2 m. 50; L^r 1 m. 21.

ANGLETERRE

Église de Stone (Kent).

1 39. — *Ecoinçon*

Au centre, un dragon de la gueule duquel s'échappe un rinceau de feuillage stylisé couvrant entièrement le triangle de l'écoinçon.

XIIIe siècle.   H^r 0 m. 75; L^r 1 m. 60.

Cloître de l'abbaye de Westminster à Londres

I 40-41. — *Clefs de voûte*.
Rameaux de feuilles de chêne.
XIVᵉ siècle.   Hʳ 0 m. 30.

I 42. — *Chapiteau*.
Hʳ 0 m. 30.

Abbaye de Westminster.

I 43. — *Fleuron d'une stalle de la chapelle d'Henri VII*.
Silhouette feuillue dans laquelle l'artiste a incorporé deux muffles du lion d'Angleterre.
XVᵉ siècle.   Hʳ 0 m. 45.

I 43¹ — *Cinq panneaux de rétable conservés dans l'église* de Sᵗ-Léonard (Haute-Vienne).
L'Annonciation — La Nativité — La Trinité. Spécimens des panneaux d'albâtre destinés à décorer des tombeaux et des rétables qui furent exécutés dans les Ateliers anglais au XVᵉ siècle et exportés en grand nombre.

AUTRICHE

I 45-46. — *Deux statuettes conservées* à Vienne.
Bacchus. Cérès.
Fin du XVIᵉ siècle. Bronze.   Hʳ 0 m. 70.

BELGIQUE

Ancienne église collégiale Sainte-Gertrude de Nivelles.

I 47. — *Encadrement de porte*.
Les pieds-droits sont couverts d'un décor de peu de saillie formé de larges rinceaux de pampres, au milieu desquels on remarque un vendangeur et un bouc, un centaure et un griffon.

Au linteau triangulaire, trois épisodes de la vie de Samson :

Lutte avec le lion. — Dalila coupe les cheveux de Samson. — Les Philistins lui crèvent les yeux.

XII° siècle.   H^r 2 m. 90 ; L^r 3 m. 40.

Église Saint-Barthélémy de Liége.

I 48. — *Fonts baptismaux provenant de l'église Notre-Dame-des-Fonts, détruite lors de la Révolution.*

D'après un texte de 1113, cette cuve est l'œuvre, non de Lambert Patras, auquel elle a été attribuée, mais de Renier de Huy. Elle fut exécutée entre 1111 et 1117, sur l'ordre de Hellin, chanoine de St-Lambert et abbé de Ste-Marie.

Sur la paroi circulaire, en haut-relief, la prédication de saint Jean-Baptiste aux publicains

Johanes Baptista Publicani
Fatice ergo fructus dignos penitentie

Saint Jean administrant le baptême dit de pénitence.

Ego vos baptizo in aqua, veniet autem fortior me post me

Le baptême du Christ par saint Jean, scène principale qui devait regarder l'Orient, place d'honneur du baptistère.

Nimbé, pieds nus, vêtu d'un manteau de peau, saint Jean pose la main sur la téte du Christ plongé à mi-corps dans le Jourdain. Jésus, imberbe avec le nimbe crucifère, porte la main gauche à son cœur et bénit.

Johanes Baptista Domini
Ego a te debeo baptizari, et tu venis ad me

Saint Pierre baptisant Corneille, centurion de la cohorte italique à Césarée.

Petrus — Cornelius
Cecidit Spiritus Sanctus super omnes qui audiebant verbum

et sur le phylactère

Ego quis eram, qui possem prohibere Deum?

Saint Jean-Baptiste baptisant Craton, philosophe d'Ephèse.

Johannes Evangelista dextra Dei Craton philosophus

Douze bœufs (deux font défaut), en ronde bosse, à demi engagés, supportent ces fonts et rappellent la fameuse cuve de Salomon connue sous le nom de Mer d'airain. Ces bœufs ne sont l'œuvre ni de Patras, ni de Renier de Huy. Ils viennent de Milan et furent donnés par l'empereur Henri V à l'évêque Otbert.

La moulure supérieure porte l'inscription :

Corda. parat. plebis. Domino. doctrina. Johannis
Hos. lavat. hinc. monstrat. qui. mundi. crimina. tollat.
Vox. Patris. hic. adest. lavat. hunc. homo. Spiritus. implet.
Hic. fidei. binos. Petrus. hos. lavat. hosque. Johannes

La moulure inférieure :

Bismenis. bobus. pastorum. forma. notatur.
Quos. et. apostolice. commendat. gratia. vite.
Officiique. gradus. quo. fluminis. impetus. hujus.
Letificat. sanctam. purgatis; civibus. urbem. ;

Cuivre.   H^r 1 m. 03 ; L^r 1 m. 05.

1 49. — *Châsse de sainte Gertrude, conservée dans l'église Sainte-Gertrude de Nivelles.*

Cette châsse fut façonnée d'après les dessins de Jacque-ney, moine de l'abbaye d'Anchin, par Nicolas Colars de Douai et Jackemon de Nivelle.

Les quatre panneaux et les quatre angles moulés sont les rampants de la toiture de cette châsse, qui a la forme d'une église à transept. Ils sont décorés d'une suite de scènes représentant les divers épisodes de la légende de la sainte.

Argent doré repoussé et pierreries.
Fin du xiiie siècle.

Ancienne salle échevinale des Halles d'Ypres.

I 50-53. — *Consoles de poutres, détruites par les Allemands en 1914.*

Têtes encadrées de bouquets de feuillage.
Commencement du xive siècle.
Bois.   H^r 0 m. 30.

Église Notre-Dame d'Anvers.

I 54. — *Statue de la Vierge et l'Enfant.*

Voilée, sans couronne, les plis du manteau ramenés sur le bras, la Vierge est debout, hanchant fortement. Elle porte sur le bras l'Enfant, qui, d'une main joue avec elle,

et de l'autre, tient le globe du Monde. De la main droite,
elle tenait une tige écotée, aujourd'hui brisée.
XIVe siècle.   H^r 1 m. 26.

Église Notre-Dame de Courtrai.

I 55. — *Statue de sainte Catherine.*

Tenant l'épée et la roue (aujourd'hui brisée), elle foule
aux pieds l'empereur Maximin Daia, qui la fit martyriser.
XIVe siècle.   H^r 1 m. 75.

Église de Dinant.

I 56-57. — *Corbeaux supportant le linteau de la porte
principale.*

Deux personnages grotesques accroupis.
XIVe siècle.   H^r 0 m. 35.

I 58. — *Cul-de-lampe.*

Un singe accroupi.
XIVe siècle.   H^r 0 m. 35.

Hôpital de la Biloque, à Gand.

I 59-60. — **Culs-de-lampe du réfectoire.**

Masques feuillus.
XIIIe ou XIVe siècle.   H^r 0 m. 45.

Église Notre-Dame de Hal.

I 61. — *Tabernacle, construit pour l'église de Léau.*

Par Olivier N... aidé de trois compagnons, de 1469-1470.
En 1478, on y ajouta le bas-relief de la Cène, œuvre du
sculpteur Jean Beyaert, de Louvain.
La partie supérieure est formée de deux arcatures tréflées ornées de redents de crochets et de fleurons, se dé-
tachant sur un fond garni d'un faux fenestrage, encadrées
de niches aux dais élancés et couronnés d'une double frise
de feuillages.
Dans les ajours des arcatures, en bas-relief : la Cène, le
lavement des pieds, et au revers, l'entrée à Jérusalem, le
jardin des Oliviers.

Dans les compartiments de la partie inférieure, s'ouvrent les deux petites portes du tabernacle, dont les vantaux de ferronnerie sont ouvragés de quatrefeuilles.

3° quart du xv° siècle. H^r 2 m.35; L^r 1 m. 45.

Église Notre-Dame du Sablon à Bruxelles

I 62. — *Série d'écoinçons.*

Animaux et figurines. — Sujets légendaires et satiriques.
xv° siècle. H^r 0 m. 60.

I 63. — *Statuette de sainte Catherine, couronnant un chandelier pascal, provenant de l'église de St-Ghislain.*

Elle tient un livre ouvert, et foule aux pieds Maximin Daia (voir la statue de Notre-Dame de Courtrai).
(*Musées royaux du Cinquantenaire, à Bruxelles*).
xv° siècle. Laiton. H^r 0 m. 50.

Église Notre-Dame à Courtrai.

I 64. — *Série d'écoinçons de la chapelle des Comtes de Flandre.*

Feuillages, figurines légendaires et animaux chimériques.
xv° siècle.

Église Notre-Dame de Hal.

I 65. — *Statue de la Vierge et l'Enfant.*

La Vierge porte sur le bras gauche l'Enfant demi-nu, écrivant sur un livre.
De la main droite elle tenait une branche de lys.
xv° siècle. H^r 1 m. 55.

I 66. — *Série d'écoinçons.*

Les Mages à cheval. — Un ange à genoux déroulant un phylactère. — Une jeune fille nue, les cheveux dénoués, sur un cheval-licorne qu'elle cherche à maîtriser (légende de la licorne qui ne pouvait être prise que par une vierge). — Saint Jean-Baptiste, tenant l'agneau, debout entre deux aigles. — Sous un voile tenu par deux anges le Père Eternel est assis, de la main droite il bénit, de la gauche il tient le globe. — Orfèvre assis devant une table sur laquelle sont étalés divers produits de son art. Deux anges soutiennent à ses côtés des tablettes sur lesquelles sont appliqués divers bijoux et ex-voto (pieds, mains, cœurs, poissons, etc.).

H^r 0 m. 45 ; L^r 0 m. 58.

Église de Léau

I 67. — *Statuette de sainte Elisabeth.*

Appartenant au groupe de la Visitation dans un retable.
xv° siècle. Bois.   H^r 0 m. 30.

Église Saint-Jean-Baptiste de Liége.

I 68. — *Série d'écoinçons.*

Feuillages, animaux et masques grimaçants.
xv° siècle.   H^r 0 m. 60.

Église Saint-Pierre de Louvain.

I 69. — *La Vierge. Statue attribuée à Jean Borremans.*

Elle fait partie du Calvaire du jubé construit par Mathieu de Layens.
xv° siècle.
Bois peint et doré.   H^r 1 m. 85.

Église Saint-Jacques de Louvain.

I 70. — *Statue de saint Hubert.*

En habits pontificaux, le premier évêque de Liége est debout, tenant un livre ouvert.
A ses pieds, le cerf et le chasseur de la légende.
xv° siècle.   H^r 1 m. 75.
Bois polychromé.

Hôtel de ville de Louvain.

I 71. — *Salle des Pas-Perdus. Série de consoles et de semelles de poutres par Guill. Ards.*

Abraham renvoie Agar. — Retour d'Agar.

Joseph fait remplir les greniers. — Il renvoie ses frères en Chanaan.

Saül consulte une magicienne. — Il se jette sur son épée.

Anne et Eléana. Anne et Hélie. — Anne en prières. Anne présentant son fils Samuel au Temple.

Judith chez Holopherne. — Judith emporte la tête d'Holopherne.

Cyrus fait rebâtir le Temple de Jérusalem. — Darius le fait achever.

Paul fait emprisonner les chrétiens. — Le chemin de Damas.

XVe siècle. Bois. H^r 0 m. 57.

Hôtel de ville de Mons.

I 71 bis. — *Marteau de porte.*

XVe siècle. Fer forgé. H^r 0 m. 47.

Cathédrale de Tournai.

I 72. — *Monument funéraire de Jehan Dubos († 1438) et de sa femme Catherine Bernard († 1423) provenant de l'église des Frères-Mineurs, attribué à Jean Genoix.*

Abritée sous un voile que soutiennent deux angelots, la Vierge est assise tenant un livre ouvert, et, debout sur ses genoux, l'Enfant portant le globe.

Agenouillés, les défunts sont présentés par leurs patrons saint Jean-Baptiste et sainte Catherine.

En lettres gothiques, sur la plinthe, l'épitaphe.

Aux angles supérieurs, les armoiries des priants.

XVe siècle. Marbre, attribué à Jean Genoix.

H^r 0 m. 85; L^r 1 m. 25.

I 73. — *Sainte Anne portant la Vierge à l'Enfant.*

Petit groupe faisant partie d'une collection particulière.

XVe siècle. Bois. H^r 0 m. 35.

Loge des Arbalétriers d'Anvers.

I 74. — *Semelles de poutres.*

Ces semelles ornées de cuirs, de guirlandes et de chutes de feuillage, de mascarons, de grotesques, et de la scène du martyre de saint Sébastien, portent dans des cartouches les dates 1556, 1558.

Bois. H^r 0 m. 60.

Palais de Justice de Bruges.

75. — *Cheminée exécutée de 1529 à 1532 d'après les dessins de Lancelot Blondel.*

Placée dans la salle des séances du Magistrat du Franc, ou de la Châtellenie, cette cheminée fut élevée en souvenir du traité de Cambrai, dit « Traité des Dames ».

Les statues (en bois) de Charles-Quint, de Philippe le Beau, de Jeanne d'Aragon, de Maximilien d'Autriche et de Marie de Bourgogne, furent taillées par Herman Glosencamp,

La partie ornementale également en bois de chêne, caissons, pilastres et colonnes, écussons aux armes d'Espagne, de Bourgogne, de Brabant, et de Flandre, est l'œuvre d'André Rasch et de Roger de Smet.

Les bas-reliefs en albâtre formant frise sur le manteau et représentant l'histoire de la chaste Suzanne, sont du Malinois Guyot de Beaugrant, ainsi que les quatre génies des angles.

Ce moulage a été exposé au Musée du Louvre de 1839 à 1891 et est antérieur par conséquent à la restauration complète de l'original, faite en 1850.

Deuxième quart du XVIe siècle.

H^r 6 m. 20; L^r 11 m.: P^r 4 m. 20.
(Don du Gouvernement belge).

Église Notre-Dame de Bruges.

I **76. —** *Mausolée de Marie, Duchesse de Bourgogne († 1481) fille de Charles le Téméraire et d'Isabeau de Bourgogne, exécuté entre 1495 et 1502, par Pierre de Beckere, sur l'ordre de Philippe le Beau.*

En costume d'apparat, la duchesse Marie est étendue, les mains jointes, les pieds posés sur deux chiens.

Les faces latérales du sarcophage sont chargées d'un côté de l'arbre généalogique paternel et de l'autre de l'arbre généalogique maternel. L'un et l'autre, en bronze doré sur marbre noir, sont composés de rinceaux au milieu desquels des anges tiennent des écussons en émail champlevé et des banderoles aux noms des personnages.

Dix-huit écussons également accompagnés de banderoles aux noms des quartiers sont appliqués dans la gorge de la moulure qui couronne le monument.

Aux quatre angles, abritées sous des niches, les figurines

des Évangélistes, en bronze doré. Aux pieds de la gisante, ses armoiries entourées de rinceaux et des banderoles.

A la tête, en caractères gothiques fleuris, enjolivés de nombreux paraphes, l'épitaphe :

Sepulture de très illustre princesse Marie de Bourgogne, par la grace de Dieu archiduchesse d'Autriche, Duchesse de Bourgogne, de Lothrie, de Brabant, de Lembourg, de Luxembourg, de Gueldres, Comtesse de Flandres, d'Arthois, de Bourgogne, palatine de Haynnau, de Hollande, de Zeelande, de Namur et de Zutphen, marquise du sainct Empire, Dame de Frize, de Salins et de Malinnes, femme et espouse de très illustre prince Mgr Maximilien, lors duc d'Autriche et depuis roy des Romains, fils de Frederic, empereur de Rome; lauqelle dame trespassa en le age de vingt cinq ans, le vingt septième jour de mars de l'an mil quatre cent vingt et ung, et demoura d'elle son héritier Philippe d'Autriche et de Bourgogne, son seul filz en le age de trois ans neuf mois, et aussi Marguerite sa fille en le age de quatorze mois et cinq jours. Fut dame des pays dessus dits quatre ans et neuf mois, fut en mariage vertueusement en granz amour vescut avec mondict Sr son mary, regrettée, plainte et plorée fut de ses subjetz et de tous autres qui la connoissoient autant que fut oncques princesse. Priez Dieu pour son âme. Amen.

Le tombeau de Marie de Bourgogne est antérieur de cinquante années à peu près à celui de son père le duc Charles, ce dernier, n'ayant été exécuté que vers 1550, lorsque l'empereur Charles-Quint fit transporter de Nancy à Bruges la dépouille mortelle de Charles le Téméraire, pour la placer à côté de celle de sa fille Marie.

(Don du Gouvernement belge).

XVe-XVIe siècle.

Pierre. — Marbre. — Bronze. — Cuivre. — Email.

L^r 1 m. 49 ; H^r 1 m. 83.

I 77. — *Mausolée de Charles le Téméraire, duc de Bourgogne († 1477) élevé en 1558 sur l'ordre de Philippe II, d'après les dessins de Marc Gheeraerds.*

Le sarcophage est l'œuvre de Josse Aerts, Pierre de Ram et Iam de Smet. Le gisant, de Jacques Jonghelinck d'Anvers.

Charles le Téméraire est étendu, les mains jointes, la tête appuyée sur un coussin, les pieds posés sur un lion. Armé de toutes pièces il est revêtu d'un manteau d'hermine et coiffé d'une toque. A côté de lui, son heaume et ses gantelets.

Les faces latérales du sarcophage sont chargées de rinceaux et de figurines de femmes tenant soixante-deux écussons aux armoiries des maisons alliées à la maison de Bourgogne.

Sur la bordure courent dix-neuf autres écussons accompagnés de banderoles portant le nom des quartiers.

Amortissant les angles, les figurines des Évangélistes.

*Cy gist treshault trespuissant et magnanime Prince Charles duc de Bourg*ne*, de Lothryke, de Brabant, de Lembourg, de Luxembourg et de Gueldres, Comte de Flandres, d'Artois de Bourg*ne* et Palatin de Haynnau, de Hollande, de Zeelande de Namur et de Ziphen Marquis du sainct Empire seigneur de Frize, de Salins et de Malines lequel estant grandement doué de force constance et de magnanimité prospera longtemps en haultes entreprinses, batailles et victoires, tant à Montlehert, en Normandie en Arthois, en Liège que aultrepart iusques à ce que fortune luy tournant le doz loppressa la nuict des Roys 1476 devant Nancy le corps duquel de posite au dict Nancy fut depuis par le treshault trespuissaut et tres victo rieux Prince Charles Empereur des Romains V*e* de ce nom, son petit, nepueu héritier de son nom, victoires et seignories transporte a Bruges ou le roy Philippe de Castille Léon Arragon Navarre et filz du dit Empereur Charles le faict mettre en ce tombeau du coste de sa fille unicque et héritière Marie femme espeuse de treshault et trespuissant Prince Maximilien Archiduc d'Autrice depuis Roy et Empereur des Romains.*

Prions Dieu pour son âme. Amen.

XVIe siècle.
Pierre. — Bronze. — Email.

L^r 2 m. 75; L^r 1 m. 49; H^r 1 m. 90.
(Don du Gouvernement belge).

Eglise Saint-Jacques de Bruges.

I 78. — *Mausolée de Ferry de Gros, seigneur de Oyenghem Nieuweland († 1544), et de ses deux femmes, Philippine Wieland († 1521), et François d'Ailly († 1530).*

Ce mausolée se compose de deux dalles funéraires superposées, portant les gisants et d'une niche les abritant, surmontée d'un tympan et d'un entablement.

Sur la dalle supérieure, Ferry de Gros est étendu, armé de toutes pièces. Il joint les mains. Sa tête est appuyée sur un coussin, ses pieds sur un lion.

A sa droite repose sa deuxième femme, Françoise d'Ailly, en costume d'apparat, les piéds sur le chien.

Sur la dalle inférieure, sa première femme, Philippine Wieland.

Les pieds-droits forment un agencement de pilastres et de colonnettes décorées d'arabesques et de blasons. Le tympan en anse de panier, porte un écu timbré d'un heaume à lambrequins cimé d'un phénix et accosté de deux moufles à poulies avec leurs cordages. L'entablement était couronné de volutes ajourées et ses extrémités en saillie reposent sur des escargots. Il présente, alternant avec les initiales F P reliées par des cordelières, une banderole sur laquelle se répète la devise :

Tout pour estre toujours lealle

XVIe siècle.   H^r 2 m. 50; L^r 3 m. 30.

Église Saint-Dymphne de Gheel.

79. — *Tombeau du comte Jean de Mérode († 1550) et de sa femme Anne de Ghistelle († 1533).*

En costume d'apparat, le comte et la comtesse sont étendus côte à côte. Mains jointes, têtes appuyées sur des coussins, les pieds posés sur un lion et sur un chien.

xvi° siècle. Marbre et albâtre.   L^r 2 m. 60 ; L^r 1 m. 60.

Église Saint-Sauveur d'Hackendover.

I 80. — *Un des tableaux du rétable.*

Les trois sœurs, fondatrices de la première église d'Hackendover, distribuent de l'argent à un groupe d'ouvriers.

Cette scène s'encadre sous un porche triangulaire de style gothique.

Bois.   H^r 1 m. 15 ; L^r 0 m. 64.

Église d'Hemelveerdeghem.

I 81. — *Rétable.*

Le rétable est composé de deux rangs de trois niches en anse de panier encadrant les scène suivantes :

En haut, à gauche. — Prédication de saint Jean-Baptiste.

Au centre. — Le Festin d'Hérode, Salomé dansant la *morisque*, la décollation de saint Jean-Baptiste.

A droite. — Les persécuteurs font brûler le corps décapité du martyr.

En bas, à droite. — Le baptême du Christ.

A gauche. — Invention miraculeuse du chef de saint Jean-Baptiste par des moines.

La niche centrale du rang inférieur est aujourd'hui vide.

xiv° siècle. Bois.   H^r 1 m. 37 ; L^r 1 m. 75.

Église Sainte-Catherine de Hoogstraeten.

I 82. — *Statues funéraires du comte Antoine de Lallaing et de sa femme, Isabeau de Culembourg.*

xvi° siècle. Marbre et albâtre.   H^r 1 m. 90 ; L^r 1 m. 20.

Église de Hulshout.

I 83. — *Rétable.*

>Triptyque.
>Scènes de la Passion (Portement de Croix. Crucifixion. Déposition).
>Scènes de la Nativité (Adoration des bergers).
>xvi° siècle. Bois. H^r 1 m. 85; L^r 2 m. 48.

Église de Lombeck Notre-Dame.

I 84. — *Compartiment.d'un rétable attribué à Paschier Borremans.*

>En haut-relief le Mariage de la Vierge.
>Premier quart du xvi° siècle. Bois. H^r 1 m. 50; L^r 1 m. 55.

Église Notre-Dame de Walcourt.

I 85-91. — *Fragments du jubé.*

>Naissance de la Vierge.
>Décollation de Saint Jean-Baptiste.
>Martyre de Saint-Quentin.
>Légende de saint Hubert.
>Sainte Marthe.
>Deux statuettes d'hommes.

HOLLANDE

Rotterdam.

I 92-93. — *Chapiteaux.*

>Un bateleur et un singe.
>Abel tué par Caïn. H^r 0 m. 50.

I 94-103. — *Statuettes ayant décoré la Cheminée du* **Dam d'Amsterdam,** *conservées aux archives de la ville.*

>Des gravures de Millin et de Montfaucon ont permis d'iden-

tifier ces statuettes qui subirent de nombreuses vicissitudes et sont demeurées longtemps anonymes.

Ce sont les pleurants du tombeau élevé à Lille dans la Chapelle N.-D. de la Treille par Philippe le Bon à Louis de Male, comte de Frandre, à sa femme Marguerite de Brabant et à leur fille Marguerite de Flandre ; on y reconnait :

L'empereur Charlemagne.

Philippe le Bon, duc de Bourgogne. — Philippe, comte de Nevers. — Guillaume II, comte de Hollande. — Jean, duc de Clèves.

Marie de Bourgogne. — Marie de Clèves. — Marguerite d'Autriche. — Jacqueline de Hollande. — Anne de Bedfort.

xve siècle. Laiton.   H^r 0 m. 58.

Une inscription du tombeau donne à défaut du nom de leur auteur le nom du batteur de cuivre qui les exécuta ; le bruxellois, Jacques de Gérines (1455).

I 104. — *Maquettes, par Arthus Quellyn le Vieux, d'Anvers, ayant servi à l'exécution des sculptures de l'ancien* Hôtel de ville d'Amsterdam.

Atlante. — Femme drapée. — Cariatides. — Personnages et scènes mythologiques, symboliques et autres. — Encadrements de médaillons (enfants et animaux). — Fragments de décoration (figures et ornements). — Le jugement de Salomon. — Une scène de martyre. — La mort de Socrate.

Musée de Haarlem.

xviie siècle.   Terre cuite.

I 105. — *Buste de l'amiral Van Gendt, par Rombout Verhulst* (1624-1698).

Ce buste, en terre cuite, de provenance inconnue, conservé aujourd'hui au Musée du prince Maurice à la Haye, doit être attribué à Rombout Verhulst et serait alors la maquette ayant servi à l'exécution du monument funéraire de la Cathédrale d'Utrecht.

I 106. — *Buste de l'amiral de Ruyter, par Rombout Verhulst.*

Mêmes observations que pour le buste précédent.

Le monument funéraire de l'amiral de Ruyter a été élevé dans la nouvelle église d'Amsterdam.

CHYPRE

I 107. — *Fragment de sarcophage.*

Effigie d'un prince de la maison de Lusignan.

Ce fragment, découvert à Nicosie, provient de la face d'un sarcophage dont l'analogue est encastré dans la façade de la cathédrale grecque de cette ville.

La couronne et l'écu au lion de Chypre indiquent un personnage de la famille royale : son jeune âge et le style du monument permettent de supposer que c'est l'un des fils de Hugues IV (1324 † 1361); probablement Thomas, mort en 1840.

Ce fragment paraît provenir de l'église des Dominicains détruite au xvi° siècle et qui renfermait les tombeaux de la famille royale.

(Musée du Louvre. — Don de M. C. Enlart).

xiv° siècle. Marbre.   Hʳ 0 m. 55.

Eglise N.-D. de Tyr, à Nicosie.

I 107 ¹. — *Fragment (buste) de la dalle funéraire à effigie gravée de Balian Lambert († vers 1300).*

Ce personnage semble avoir été le fils de l'évêque Baudouin Lambert, qui fit terminer en 1811 la cathédrale de Framagouste.

I 107 ². — *Fragment (buste) de la dalle funéraire à effigie gravée de Marguerite Escaface.*

xiv° siècle.

I 107 ³. — *Dalle funéraire à effigie gravée de Marie de Bessan. († 1322).*

(Mission C. Enlart, 1896).

I 107 ⁴. — *Fragment de la dalle funéraire de l'archevêque Thibaud, autrefois archidiacre de Troyes.*

Ce fragment de marbre blanc, qui conserve une peinture rouge dans les creux, forme actuellement une des trois parois du *mimbar* de la mosquée Sainte-Sophie, ancienne cathédrale de Nicosie.

La qualité d'archevêque se reconnait au *pallium*. L'épitaphe nous apprend qu'il était gradué en droit civil et

G. 152. — COMÉDIE FRANÇAISE.
MOLIÈRE, par Houdon (1778). Marbre.

8

G. 176. — ARC DE TRIOMPHE DE L'ÉTOILE.
Tête de la Marseillaise, par Rude (1836).

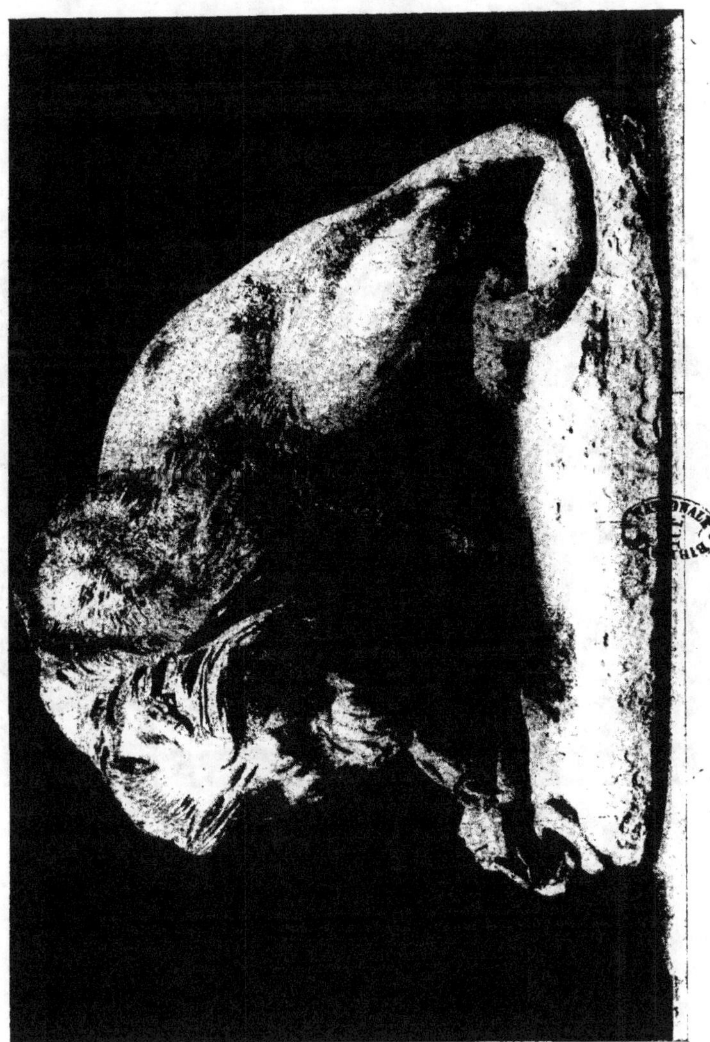

G. 4. — MUSÉE DU LOUVRE.

Lion étouffant un boa, par Barye (1833).   Bronze.

G. 16. — PAVILLON DE FLORE, AUX TUILERIES.
Le triomphe de Flore, par Carpeaux (Salon de 1886).

canonique et avait été archidiacre, probablement de Troyes.
XIIIe siècle

(*Mission C. Enlart, 1901*).

I 107 ⁵. — *Inscription commémorative de la construction de la cathédrale de Framagouste.*

Gravée sur deux faces d'une dalle du contrefort à l'ouest du portail sud sur la face sud :

> *Lan. de M. c. troi. cens. es. XI*
> *d'Crist. a. III. jors. daoust. fu*
> *despendue. lamonée. ordené*
> *e. por. lelabour. d. liglise. d. Fam,*
> *ag, e. comesa. lelabour. levesq'*
> *Bauduin. le dit. an. le pre*
> *mier. jor. d'Septembre. do.*
> *u. quel. labour VI votes d'*
> *deus. heles. estoient. faites. e.*
> *X. votes. des. heles. ave. VIII vots. d'.*

et en retour sur la face est :

> *la. nave d'*
> *liglise. e*
> *stoit. a. fa*
> *tre*

Cette inscription fait connaître quel était en 1311, sous l'épiscopat de Baudouin [Lambert] le nombre de travées exécutées et le nombre de voûtes restant à construire.

(*Mission C. Enlart, 1896.*)

DANEMARK

I 107 ⁵. — *Crucifix conservé dans l'église* **abbatiale de Herlufsholm.**

Travail français de la 1re moitié du XIIIe siècle.
Ivoire.   H^r 0 m. 75.

(*Don du Musée royal de Copenhague.*)

ESPAGNE

I 108. — *La Vierge et l'Enfant.*

Bas-relief provenant de Saint-Benoît de Sahagun, conservé au musée archéologique de Madrid.

La Vierge est assise, portant sur ses genoux l'Enfant qui d'une main bénit, et de l'autre tient un livre.

Des trous de scellement indiquent qu'il a existé des incrustations, probablement de verroteries, dans les yeux,

8

les couronnes, les collets des vêtements et sur la poitrine de l'Enfant.

Les pieds du trône sont formés de griffes de lions.

Dans l'angle supérieur gauche, l'inscription :

Res miranda satis bene complacitura castis.

(*Don de M. le Dr Hamy*).

Pierre.   H^r 1 m. 05.

Cathédrale St-Jacques de Compostelle.

1 109-111. — *Fragment d'un pied-droit et claveaux de la porte de la Gloire, élevée de 1180 à 1190 par Mateo.*

Debout, adossés au pied-droit, saint Pierre tenant les clefs et saint Paul présentant un livre ouvert. (Saint Pierre est chaussé).

Le fût de la colonne qui le supporte est formé de torsades plus ou moins larges dans lesquelles courent des rinceaux où se déroulent en bas-relief des scènes diverses : le sacrifice d'Abraham, un homme luttant contre un oiseau à tête humaine.

Cette sirène-oiseau se répète dans les enroulements du chapiteau de la colonne et du chapiteau supérieur.

Sur chaque claveau, deux figures des vieillards de l'Apocalypse.

Quatrième quart du XIIe siècle. H^r du pied-droit 5 m. 90.

1 111¹. — *Statuette décorant le tombeau de l'archevêque L. F. de Luna. († 1382) élevé par l'orfèvre Pere Moraguls dans la* **Cathédrale de Saragosse.**

Pleurant faisant partie de la suite qui se déroule sur les faces du soubassement.

Marbre.   H^r 0 m. 38.

(*Don de M. F. de Madrazo*).

1 112-113. — *Deux petites figures de gisants provenant du monastère de Pedralbes.*

Chevalier et dame du XIVe siècle.

(*Don de M. E. de Madrazo*).

H^r 1 m. 05.

I 113¹. — *Statue funéraire de Don Lorenzo Juarez de Figueroa, comte de Feria, ambassadeur du Roi de Castille auprès de la République de Venise, par le*

sculpteur vénitien Alessandro Leopardi, conservée
dans la **Cathédrale de Badajoz.**

xv⁰ siècle. Bronze.   Lʳ 2 m. 40 ; Lʳ 1 m. 30.
(Don de M. F. de Madrazo).

I 114-116. — *Trois médaillons provenant du Collège des*
Irlandais à **Salamanque.**

XVIᵉ siècle.   Hʳ 0 m. 40.

I 117. — *Statue de S. Jérôme, par Torrigiano* (1472-1528).

Provenant de l'église des Hiéronimites de Séville,
aujourd'hui au musée.
Terre cuite peinte.   Hʳ 1 m. 60.

I 117¹. — *Mausolée de Ferdinand V* († *1516) et d'Isabelle*
de Castille († *1504), œuvre du florentin Domenico*
Paucolli, élevé dans la chapelle royale de l'église de
l'Ange gardien à **Grenade.**

Ce moulage fut longtemps exposé au Château de Versailles et nous empruntons à Eud. Soulié la description
qu'il en fit dans son catalogue.
Les angles de la base sont ornés de quatre griffons ; au
centre de chacune des faces se trouve un bas-relief circulaire représentant = Saint Jacques combattant les Mau-
res — le baptême de Jésus-Christ — Saint Georges terras-
sant le dragon — Jésus-Christ sortant du tombeau. Ces
bas-reliefs sont accompagnés des figures des douze
apôtres. Aux angles de la frise, sont les quatre docteurs
de l'église : saint Antoine, saint Augustin, saint Jérôme
et saint Grégoire le Grand ; au centre de la façade principale, deux anges soutiennent un cartouche sur lequel est
tracée une inscription ; dans les trois autres côtés, les anges
portent un écusson écartelé aux armes de Castille et
d'Aragon, le reste de la frise est décoré de figures et
d'ornements symboliques. Sur la plate-forme supérieure
sont les statues couchées de Ferdinand et d'Isabelle ; leur
tête repose sur des coussins, à leurs pieds sont des lions.
On lit sur le cartouche de la face principale :

Mahometice secte prostratores et heretice perversitatis extinctores Fernandus Aragonum
el Helisabetha Castelle vir et uxor unanimes Catholici appelati marmoreo clauduntur hoc
tumulo.

Hʳ 2 m. 12 ; Lʳ 3 m. 92 ; Lʳ 3 m. 34.

ITALIE

Cathédrale de Gênes.

I 117². — Portail occidental.

Soubassement, Chapiteaux et sommier — Panneaux et fragments divers.

La composition et la décoration sont inspirées du style français du XIII siècle et rappellent particulièrement les portails et Mantes, de Lisieux, de Rouen (Saint-Jean).

Alternance et incrustations de marbre noir et blanc, Milieu du XIII° siècle.

I 117³. — *Console.*

Couronnée par des anges, une femme assise donne le sein à deux vieillards. L'un est Moïse, reconnaissable aux cornes, l'autre est un apôtre et l'Ancienne et la Nouvelle Loi se trouvent ainsi réunies par l'Inspiration divine.

I 117⁴. — *Monument votif élevé en 1342, sur un montant du portail roman septentrional à la mémoire des frères Jean et Guillaume de Bozolo.*

La Vierge et l'Enfant.

Elle est assise, souriant à l'Enfant qui bénit et tient un oiseau. Derrière elle, des anges tendent des draperies. Le bandeau supérieur porte l'inscription commémorative, le bandeau inférieur les armoiries des Bozolo et une frise de quatrefeuilles découpées, souvenir de l'art normand.

Un grillage avec gonds et feuillure abritait ce petit monument. H^r 0 m. 69; L^r 0 m. 37.

Cloître St-Mathieu, à Gênes.

I 117⁵. — *Chapiteau d'un groupe de quatre colonnettes sculpté par Marc de Venise, en 1310.*

Une suite de personnages debout, séparés par des plantes fleuries, garnissent trois faces et l'inscription qui les surmonte précise et complète l'identification donnée par leurs attributs = saint Augustin, l'Archevêque saint Fructueux, saint Euloge, l'Archange saint Raphaël, saint

André, saint Benoit, saint Nicolas, saint Jean-Baptiste, saint Venant.

Sur la dernière face, l'évangéliste saint Mathieu assis et écrivant. Devant lui, à genoux, le donateur *Dominus Andreas de Goano*, puis à gauche la date 1310 et sur un livre ouvert au-dessus du lion de Saint-Marc, la signature de l'artiste = *Marcus Venetus fecit hic opus.*

L'abaque est décoré de feuilles d'acanthe.

I 117⁶. — *Chapiteau d'un groupe de quatre colonnettes daté 1308.*

Décoré d'acanthe et aux angles d'aigles aux ailes éployées.

Dominus Andreas de Goano prior hujus ecclesie fecit fieri hoc opus + M CCC VIII Ke aprilis.

Hʳ 0 m. 47.

Cathédrale de Sienne.

I 118-119. — *Bas-reliefs décorant la chaire par Nicolas de Pise (1220? 128?).*

L'Adoration des Mages.

La Présentation au temple. — La fuite en Égypte.

La chaire de la cathédrale de Sienne fut élevée de 1265 à 1268 par Nicolas de Pise aidé de son frère Jean, et de ses élèves Arnolfo di Lapo et Donato.

Troisième quart du XIIIᵉ siècle.

Marbre.   Hʳ 0 m. 95; Lʳ 0 m. 95.

Baptistère de Florence.

I 120-124. — *Panneaux décorant la porte méridionale exécutée de 1330 à 1339 par André de Pise (1270-1348).*

Les panneaux de cette porte, au nombre de vingt-huit forment deux séries : l'une consacrée à la vie de saint Jean, l'autre à la réprésentation symbolique des Vertus.

La Visitation. — La Vierge, saint Jean-Baptiste et Zacharie. — Le Baptême du Christ. — La Foi. *Fides.* — L'Espérance. *Spes.*

Deuxième quart du XIVᵉ siècle.

Bronze.   Hʳ 0 m. 70; Lʳ 0 m. 50.

Oratoire Saint-Michel de Florence.
(Or San Michele).

I 125-127. — *Fragments de la décoration du tabernacle, exécuté de 1349 à 1359 par André Orcagna (1308 ?- 1368).*

> Face antérieure de l'autel : L'Espérance tendant les bras vers une couronne portant le mot *Spes*.
> Face de droite : la Foi, tenant le calice et la Croix; sur la couronne, *Fides*.
> Face de gauche : la Charité allaitant un enfant et tenant un cœur enflammé; sur sa couronne *Caritas*.
> Milieu du xive siècle.
> Marbre.   Hr 0 m. 70 ; Lr 0 m. 50.

Église Ste-Croix de Naples.

I 128. — *Bas-relief du tombeau d'Agnès de Périgord, impératrice de Constantinople.*

> Le Christ à mi-corps dans le tombeau est entouré de la Vierge et de saints personnages.
> Au lieu de la douleur recueillie qu'expriment généralement les figures de la mise au tombeau, l'artiste a donné à ses personnages un caractère dramatique et expressif poussé jusqu'à l'extrême. Saint Jean arrache ses vêtements et les faces convulsées ont des expressions où l'on pourrait hésiter à reconnaître le sanglot ou le rire, car à l'outrance naturaliste se joint une certaine maladresse.
> Marbre.   Hr 0 m. 78 ; Lr 2 m. 08.

I 129. — *Bas-relief placé au-dessus du tombeau de Charles de Duras, fils de Robert d'Anjou, Roi de Naples.*

> Un enfant emmailloté est enlevé au ciel par deux anges.
> Sur le fond, semis de fleurs de lys.
> Au listel inférieur l'inscription :
> *Obiit die XII Januarii XII indictione anno Domini MCCCXLIIII.*
> Marbre.   Hr 0 m. 95 ; Lr 0 m. 60.

I 130. — *Inscription funéraire.*

> » *Hic jacent corpora illustrissimarum dominarum domine Agnetis de Francia imperatricis Constantinopolitane ac Virginis domine clemente de Francia filie comi... illustrissimi principis Domini Domini Karoli de Francia ducis Duratii quarum anime. Requiescant in pace. Amen.*
> xive siècle.

Baptistère de Florence.

I 131-134. — *Panneaux décorant la porte septentrionale exécutée de 1403 à 1424, par Lorenzo Ghiberti. (1378-1455).*

> La disposition de la porte septentrionale est semblable à celle de la porte méridionale. Vingt-huit panneaux la composent : vingt sont consacrés à l'histoire du Christ, huit aux Evangélistes et aux Pères de l'Eglise.
> La tentation du Christ. — Le Christ devant Pilate. — Saint Jean. — Saint Ambroise.
> Premier quart du xvᵉ siècle.
> Bronze. Hʳ 0 m. 58; Lʳ 0 m. 52.

I 135-138. — *Statuettes décorant la porte orientale, exécutée de 1424 à 1452, par Lorenzo Ghiberti.*

> Deuxième quart du xvᵉ siècle.
> Bronze. Hʳ 0 m. 52.

Oratoire St-Michel de Florence.

I 139. — *Statue de saint Georges placée sur la façade méridionale exécutée en 1416 par Donatello (1386-1466).*

> Tête nue, vêtu d'une armure et d'un manteau jeté sur les épaules, saint Georges est debout et s'appuie sur un long bouclier portant la croix.
> Marbre. Hʳ 2 m. 17; Lʳ 0 m. 73.

I 140. — *Buste de saint Jean-Baptiste, par Donatello.*

> (*Musée National de Florence*).
> Marbre. Hʳ 0 m. 40.

I 141. — *Buste d'enfant, par Donatello.*

> (*Collection Gustave Dreyfus*).
> Marbre. Hʳ 0 m. 30.

I 142. — *Église St-Antoine, à Padoue. Christ en croix du maître-autel, par Donatello.*

> Ce Christ fut exécuté en 1444. Donatello en avait fait un autre, en bois, pour l'église Sainte-Croix de Florence, vers 1430.

Dans l'un et l'autre. il s'écarte du type conventionnel par une étude plus serrée de la nature.
Bronze. H^r 1 m. 70.

Deux bas-reliefs du maître-autel, par Donatello (1448).

I 142¹ 142² — *Scènes de la Vie de saint Antoine.*

· Le saint fait agenouiller une jument devant l'hostie. Il remet le pied d'un jeune homme.
Bronze.

Cathédrale de Sienne.

I 143. — *Vierge à l'Enfant, décorant le tympan du bras sud du transept, attribuée à Donatello.*

Demi figure de profil à droite, tenant l'Enfant sur ses genoux.
Le médaillon qui l'encadre est décoré de têtes de Chérubins, et la partie supérieure reproduit les caissons d'une voûte en perspective.
Marbre. H^r 0 m. 90.

I 143¹ — *Statuette provenant du Baptistère de Sienne, attribuée à Donatello.*

Debout sur une coquille, un Amour agite un tambourin.
Bronze. — Musée de Berlin.
(Don de M. Carle Dreyfus).

I 143² — *Petit buste d'enfant, attribué à Donatello.*

Bronze. — Musée de Berlin.

Palais de St-Georges à Gênes.

I 143 ³ᵃ⁴ — *Deux consoles.*
xvᵉ siècle. H^r 0 m. 35, 0 m. 45.
(Don de M. Carle Dreyfus).

I 143 ⁵ᵃ⁷ — *Trois têtes.*
H^r 0 m. 30, 0 m. 45.

I 144-153. — *Hauts-reliefs, par Luca della Robbia (1399-1482).*

Encadrés de pilastres, exécutés entre 1431 et 1440, pour

la décoration de la tribune de l'un des orgues de l'église Sainte-Marie-des Fleurs de Florence.

Groupes d'enfants dansant, chantant et jouant de divers instruments de musique.

Deuxième quart du xvᵉ siècle.

Marbre.   Hʳ 1 m.

(Musée National de Florence).

1 154. — *La Vierge et l'Enfant, bas-relief par L. della Robbia*.

La Vierge, à mi-corps, tient sur ses genoux l'Enfant qui bénit.

Au-dessus, au milieu d'angelots, le Père Eternel et la colombe du Saint-Esprit.   Hʳ 1 m. ; Lʳ 0 m. 55.

I 155. — *La Vierge adorant l'Enfant, bas-relief par L. della Robbia*.

Au-dessus de sa tête, deux mains tenant une couronne ; à ses côtés, des angelots.

Marbre.   Hʳ 0 m. 75 ; Lʳ 0 m. 50.

I 156. — *Buste d'enfant, par L. della Robbia*.

Hʳ 0 m. 46.

I 157. — *Statue funéraire de Marino Soccino, jurisconsulte siennois († 1467), par Lorenzo Vecchietta (1410-1480), provenant de l'église Saint-Dominique de Florence*.

Le gisant est coiffé du chaperon, vêtu d'une longue robe ; ses pieds sont nus.

Troisième quart du xvᵉ siècle.

Bronze,   Hʳ 1 m. 64.

(Musée National de Florence).

I 157¹ — *Bas-relief attribué à Bertoldo (1410-1491)*.

La lamentation au pied du Calvaire.

Bronze.   Hʳ 0 m, 60 Lʳ 0 m. 65.

(Musée National de Florence).

1 158. — *Statuette de l'Enfant Jésus couronnant le tabernacle de l'église St-Laurent de Florence, par Desiderio da Settignano (1428-1464)*.

1460. Marbre.   Hʳ 0 m. 60.

1 158[1]. — *Angle du sarcophage de Carlo Marsuppini, secrétaire de la République florentine, dans l'église Sainte-Croix à Florence ; par Desiderio da Settignano.*

1455. Marbre.   H[r] 0 m. 75.

1159. — *Tête d'un buste Saint de Jean-Baptiste attribué à Antonio Rossellino, puis à D. da Settignano.*

(*Musée de Faenza*).

1 160. — *Buste de femme inconnue, attribué à D. da Settignano.*

Marbre.

(*Musée National de Florence*).

Église Saint-Bernardin à Pérouse.

1 160[1a]. — *Fragments de décoration du portail par Agostino di Duccio (1418-1481).*

aux piédroits :
— Deux groupes d'anges musiciens.
— Deux Vertus dont l'Obéissance.

au tympan :
— Deux anges musiciens.
= Têtes de Chérubins.
1461.

1 161. — *Buste de jeune seigneur florentin, par Antonio Pollaiuolo (1429-1498).*

Nu-tête, il porte une cuirasse sur laquelle sont modelés en faible relief : Hercule et l'hydre de -Lerne. — Samson brisant ses liens. — Le profil d'un empereur romain.
Terre cuite.   H[r] 0 m. 60.
(*Musée National de Florence*).

1 162. — *Buste de Charles VIII, roi de France, attribué à A. Pollaiuolo.*

Les cheveux longs, coiffé d'un bonnet orné d'une agrafe d'orfèvrerie, vêtu d'un collet de fourrure, la barbe courte, le roi apparaît à l'âge qu'il avait lors de son passage à Rome en 1495 et il est plausible d'attribuer ce buste à l'artiste qui se trouvait également à Rome et était à l'apogée de sa renommée.
Terre cuite.   H[r] 0 m. 40.
(*Musée National de Florence*).

163-165. — *Bas-reliefs du tombeau du pape Paul II († 1471), par Mino de Fiesole (1431-1484) et Jean de Dalmatie.*

> Les trois Vertus théologales.
> Ces bas-reliefs proviennent du tombeau, aujourd'hui détruit, que le cardinal Marco Barbo fit élever à son oncle le pape Paul II. Ils sont, avec d'autres fragments, conservés dans la grotte Vaticane, crypte de l'église Saint-Pierre à Rome.
> Marbre.   Hᵣ 1 m. 45; Lᵣ 0 m. 80.
> *(Don de M. Aiessandro Castellani).*

166. — *Buste de Rinaldo della Luna, par Mino de Fiesole.*

> Marbre.   Hᵣ 0 m. 25.
> *(Musée National de Florence).*

167. — *Buste de l'évêque Salutati, provenant du tombeau qui lui fut élevé dans la cathédrale de Fiesole, par Mino da Fiesole.*

> Marbre.   Hᵣ 0 m. 60.
> *(Musée National de Florence).*

168. — *Buste de guerrier, par Mino da Fiesole.*

> Marbre.   0 m. 35.
> *(Musée National de Florence).*

169. — *Buste de saint Jean-Baptiste, par Mino da Fiesóle.*

> Marbre.   0 m. 41.
> *(Musée du Louvre).*

de Francesco Laurana :

170. — *Tombeau de Charles IV d'Anjou, comte du Maine († 1472), attribué à Francesco Laurana.*

> Sur une dalle de marbre noir, Charles d'Anjou repose, la tête appuyée sur un coussin, les bras croisés sur la poitrine.
> Il est couronné et vêtu de mailles, de jambières, de la cotte courte et d'une pélerine couverte de fleurs de lis.
> A ses pieds, un heaume portant la couronne.

Le sarcophage de marbre blanc est en forme de berceau. Ses pieds sont ornés de griffes; ses faces, décorées de cartouches, de génies et de godrons.

Sur l'un des côtés se lit l'inscription :

Hic Carolus comes
Cenomaniæ obiit
Die X ap. MCCCCLXXII.

A la partie postérieure du cénotaphe, dont le moulage n'a pu être exécuté, sont sculptées les armoiries du comte du Maine.

xvᵉ siècle. Marbre.   Lʳ 1 m. 94; Lʳ 2 m. 82; Hʳ 1 m. 30.
(*Cathédrale du Mans*).

I 171-172. — *Pilastres décorant la chapelle Saint-Lazare dans l'Eglise de la Major,* **à Marseille,** *par Francesco Laurana et Tomaso Malvito de Come.*

Les faces sont chargées d'arabesques, vases, feuillages et figurines; les chapiteaux à volutes, de têtes d'angelots.

xvᵉ siècle. Pierre.   Hʳ 3 m. 35.

I 173-174. — *Deux têtes de femmes.*

Statues des Saintes Femmes, placées sur l'autel.
Marbre.

I 175. — *Le Portement de croix, par Francesco Laurana, retable terminé en 1481.*

Ce retable fut exécuté sur l'ordre du roi René pour l'église des Célestins d'Avignon.

Après la vente de cette dernière comme bien national, il fut rétabli dans l'église Saint-Didier.

xvᵉ siècle. Marbre.   Hʳ 2 m. 60; Lʳ 2 m. 90.

I 176. — *Buste de femme inconnue, conservé* **au Musée du Louvre.**

Marbre.   Hʳ 0 m. 46.

I 177. — *Statue de David, exécutée en 1476 par Andrea Verrochio (1435-1488).*

Tête nue, vêtu de la tunique et de la cuirasse, David l'épée de la main droite, la gauche sur la hanche.

A ses pieds, la tête de Goliath.

Marbre.   Hʳ 1 m. 20; Lʳ 0 m. 50.
(*Musée National de Florence*).

I 178. — *Buste de femme tenant des fleurs, par A. Verrochio.*

Marbre.   H^r 0 m. 60.
(Musée National de Florence).

I 179. — *Amour tenant un dauphin, par A. Verrochio.*

Cette statuette, qui provient d'une fontaine de la villa de Careggi, décore aujourd'hui la cour d'honneur du Palais de la Seigneurie à Florence.

Bronze.   H^r 0 m. 80.

I 180. — *Statue équestre du condottiere B. Colleoni, par Verrochio.*

Cette statue élevée sur la place San Zanipolo à Venise en l'honneur du général de la République, Bartolomeo Colleoni († 1475) fut commandée en 1479 à Andrea Verrocchio, mais elle n'était pas achevée à sa mort, et fut terminée par les soins d'Alexandre Leopardi.

Il est difficile de faire la part de l'un et de l'autre, mais si la minutie apportée dans l'exécution des pièces du harnachement et du cheval lui-même est bien caractéristique de l'art florentin, la rudesse, la brutatité même de la tête du Colleone dénote sinon l'exécution vénitienne, du moins son influence.

Bronze.

I 181. — *Buste de jeune homme, attribué à A. Pollaiuolo, puis à Verrocchio.*

(Musée National de Florence).

I 182. — *La Foi. Bas-relief par Matteo Civitali (1431-1501).*

Assise, de profil à droite, les mains jointes, elle lève la tête, vers un calice supporté par une tête d'ange.

(Musée National de Florence).

Dernier quart du XVe siècle.

Marbre.   H^r 0 m. 70; L^r 0 m. 50.

Église Saint-Jean de Pistoie.

I 183. — *La Visitation. Groupe par Andrea della Robbia. (1435-1525).*

Sainte Elisabeth est à genoux devant la Vierge et les deux femmes se tiennent embrassées.

Terre cuite.   H^r 1 m. 60; L^r 1 m. 45.

I 184-186. — *Fragments du tombeau de l'abbé Guillaume Filliastre († 1473), par A. della Robbia),*

 L'Annonciation.
 La Cène (fragment).
  La mort, drapée dans un linceul, est debout près d'un écu encadré de lauriers.
  Ces fragments provenant du tombeau élevé dans l'ancienne église Saint-Bertin à Saint-Omer sont aujourd'hui dans l'église Saint-Denis et au Musée.
 Terre cuite émaillée.   H^r 0 m. 80.
        (*Don de M. Sturne*).

I 187. — *Adam et Ève. Haut-relief attribué à A. della Robbia.*

    (*Collection Walters à Baltimore*).
 Terre cuite émaillée.   H^r 2 m. 67; L^r 2 m. 08.

I 188. — *Bas-relief conservé au Palais Blanc à* **Gênes.**

 Le Couronnement de la Vierge.
 Attribué à l'atelier des della Robbia.
 Terre cuite émaillée.   H^r 2 m. ; L^r 2 m. 30.

I 189. — *Buste d'enfant, conservé au* **Musée de Cluny.**

 Attribué à l'atelier des della Robbia.
 Terre cuite émaillée.   H^r 0 m. 39.

I 190. — *Buste de Pietro Mellini, par Benedetto da Majano (1442-1497).*

 (1474). Marbre.   H^r 0 m. 50.
     (*Musée National de Florence*).

I 191-197. — *Bas-reliefs par André Briosco dit il Riccio (né vers 1452), exécutés pour le tombeau de l'anatomiste Marc-Antonio della Torre, conservés au* **Musée du Louvre.**

 L'enseignement de M. A. della Torre.
 Sacrifices aux dieux pour la guérison de M. A. della Torre.
 Les derniers moments. — Sa mort. — Ses funérailles. — Il est récompensé sur la terre. — Il est récompensé dans un autre monde.
 Bronze.   H^r 0 m. 40 ; L^r 0 m. 52.

I 198. — *Buste de jeune guerrier, provenant de Gaillon,
attribué à Antonio di Giusto Betti (1479-1519).*
>Marbre. H^r 0 m. 53.

I 199. — *Buste de femme.*
>Stuc peint. H^r 0 m. 42.
>*(Collection de Lord Elcho).*

I 200. — *Adonis mourant, statue par Michel-Ange Buonarotti (1475-1564).*
>Blessé par le sanglier, Adonis est tombé à la renverse
dans une attitude des plus tourmentées.
>*(Musée National de Florence).*
>Marbre.

I 201. — *La Vierge et l'Enfant, groupe par Michel-Ange
Buonarotti.*
>La Madone est assise, l'Enfant, nu, est debout auprès
d'elle.
>Exécuté pour le marchand flamand, Jean Mouscron, ce
groupe est, depuis 1506, conservé dans l'église Notre-Dame
de Bruges.
>Marbre. H^r 1 m. 28.

I 202. — *Candélabre par Michel-Ange Buonarotti.*
>Chapelle des Médicis. Eglise Saint-Laurent de Florence.
>Marbre. H^r 1 m. 17 ; L^r 1 m. 30.

I 203. — *Buste d'Andrea Mantegna († 1506), conservé
dans l'église Saint-André, à* **Mantoue.**
>Ce buste, haut-relief de bronze saillant sur un médaillon
de marbre, provient du tombeau du célèbre peintre et a
été attribué successivement à Sperandio, Bartolommeo
Melioli et Gian Marco Cavalli et au médailleur vénitien
cameleo.
>XVIe siècle.
>Bronze et marbre. D^e 0 m. 73.
>*(Don de la Gazette des Beaux-Arts).*

I 204. — *Buste de Béatrix d'Aragon († 1508), fille de
Ferdinand Ier d'Aragon, roi de Naples, mariée en
1476 à Mathias Corvin, roi de Hongrie.*
>XVIe siècle. Marbre. H^r 0 m. 45.
>École florentine. *(Collection Gustave Dreyfus).*

I 205. — *Tête de nègre enfant.*

> Une réplique de ce buste existe dans la collection Pourtalès à Berlin.
>
> *(Don de M. E. Bonnaffé).*
>
> xvi⁵ siècle.   Bronze.

I 206. — *Statue funéraire de Gaston de Foix († 1511), par Agostino Busti dit le Bambaja († 1548).*

> Gaston de Foix, les mains croisées sur son épée, repose sur une dalle recouverte d'une draperie. Il est revêtu de son armure et son casque est lauré.
>
> Commandé en 1515 par François Iᵉʳ, le tombeau de Gaston de Foix, placé à l'origine dans le cloître de l'église Sainte Marthe de Milan, n'a jamais été terminé, et ses fragments sont épars en diverses collections.
>
> Le gisant est conservé au Musée archéologique du château à Milan.
>
> xvi⁵ siècle. Marbre.   Hʳ 2 m. 15; Lʳ 0 m. 75.

I 207. — *Persée, statuette par Benvenuto Cellini (1500-1571).*

> Nu, coiffé d'un casque ailé, Persée se dresse sur le corps de Méduse et, de la main gauche, élève la tête qu'il vient de trancher.
>
> Cette figure est le modèle réduit de la statue de bronze qui fut placée, en 1554, sous la « Loggia dei Lanzi », à Florence.
>
> xvi⁵ siècle. Bronze.   Hʳ 0 m. 78.
>
> *(Musée National de Florence).*

I 208. — *Porte du palais élevé à Gênes pour Andrea Doria, après 1529, par Giovanni Angelo Montorsoli († 1563). (Via David Chiossone).*

> Les montants et le linteau, que supportent deux angelots formant modillons, sont couverts de feuillages, d'arabesques, de figurines et de médaillons.
>
> Au-dessus, sur un char traîné par des centaures, escorté de génies et de guerriers, un écusson aux armes de la famille Doria.
>
> xvi⁵ siècle. Marbre.   Hʳ 4 m. 40; Lʳ 2 m. 50.

I 209. — *Palais del Magnifico, à Sienne. — Porte-étendard par Giacomo Gozzarelli († 1515).*

> xvi⁵ siècle. Marbre.   Hʳ 0 m. 80; Lʳ 0 m. 30.

I 210. — *Marteau de porte.*
>XVIᵉ siècle. Bronze.   Hʳ 0 m. 48.

I 211. — *Panneaux et pilastres conservés au* **Musée du Louvre.**
>Décor classique d'arabesques et d'attributs.
>XVIᵉ siècle. Marbre.

PALESTINE

Naplouse (environs)

I 211 *bis.* — *Église du Puits de Jacob ou de la Samaritaine. Signature du maître maçon français* **Ode.**
>Elle est plusieurs fois répétée sur les pierres de cette église dont il ne nous reste que quelques assises anciennes.
>Troisième quart du XIIIᵉ siècle.
>(Mission C. Enlart, 1921.)

PORTUGAL

Abbaye de Belem.

I 212. — *Série de fragments d'architecture et d'ornement.*
>Le monastère de Belem fut élevé à dater de 1500 en accomplissement d'un vœu du roi Manuel sur la plage où Vasco de Gama s'était embarqué pour les Indes.
>Les archives royales de Lisbonne donnent le nom de Boytaca comme celui de l'un des premiers maîtres de l'œuvre.
>*L'Accord des maîtres des œuvres* en 1517 signale un Jean de Castilho et maître Nicolas le Français.
>La description de l'église et du monastère de Santa-Cruz à Coïmbre, par D. Franscisco de Mendenha (1540), cite comme auteur du portail de cette église avec maître Nicolas, trois autres Français : Jean de Rouen, Jacques Longuin et Philippe Qdoart.
>Premier quart du XVIᵉ siècle.

Église Sainte-Croix de Coïmbre.

I 213. — *Chaire à prêcher.*
>Le garde-corps est divisé en quatre panneaux décorés

de figures assises abritées sous des niches : saint Ambroise en costume d'évêque. — Saint Jérôme en cardinal. — Un pape. — Saint Augustin en évêque. — Ce dernier tient un modèle d'église. Les autres, des livres ouverts.

Sur chacun des montants, deux figurines superposées, un prophète, une sibylle.

L'encorbellement est amorti par un dragon à sept têtes. Toutes les parties de cette chaire, garde-corps et encorbellement, sont couvertes d'une ornementation dans laquelle se répètent à profusion de nombreux motifs classiques : feuilles d'acanthe, rinceaux et arabesques, rangs de perles et d'oves, mufles de lïons, médaillons, petits bas-reliefs mythologiques, etc., etc.

L'auteur n'en est pas connu : M. Eude rapproche cette chaire du tombeau du cardinal d'Amboise et l'attribue à Jean de Rouen, l'un des Français que le roi Manuel († 1521) avait appelés au Portugal. Cette hypothèse serait, à son avis, confirmée de façon indéniable par les initiales I R qu'il lit dans une frise.

La présence à cette époque de plusieurs sculpteurs italiens permettrait une tout autre hypothèse et M. Marcel Reymond fait à cet égard remarquer l'analogie de décor qui existe entre cette chaire et celle de Luca Fancelli à la Chartreuse de Florence.

En réalité les initiales du cartouche ne sont pas I R mais I M, lettres qui pourraient se rapporter au nom de Jean II († 1495) et Manuel († 1521). Un écu timbré de la couronne royale sommée de la croix de l'ordre du Christ confirmerait cette interprétation.

Terminée en 1552.   H^r 2 m. 30; L^r 1 m. 40.

(Don de M. le comte d'Almedina, président de l'Académie des Beaux-Arts) de Lisbonne.

SUÈDE

I 213 ¹. — *Statue de Saint Eric, roi de Suède, martyr en 1160, conservée dans* **l'église de Roslags-Bro.**

Couronné, Saint Eric est debout, foulant aux pieds une petite figure de guerrier, personnifiant ses bourreaux.

Les bras, brisés, étaient tendus en avant et portaient un accessoire ou un attribut que rien ne permet de déterminer, mais qui pouvait être — suivant un usage fréquent — un écu chargé de trois couronnes d'or (2 et 1) sur champ d'azur, qui est de Norvège.

Cette statue, qui n'occupe plus dans l'église de Roslags-Bro sa place primitive, semble avoir été faite pour décorer le trumeau de l'arc triomphal, aujourd'hui disparu.

De même que pour certaines statues de la cathédrale d'Upsal, le rapprochement de cette figure avec les œuvres françaises de même époque s'impose et s'explique par la présence d'Etienne de Bonneuil, appelé sur le chantier par l'archevêque Magnus Boosson.

Fin du XIII° siècle. Bois polychromé.

(*Don de M. Roosval, Professeur à l'Université de Stockholm.*)

SUISSE

Cathédrale de Bâle.

I 214-216. — *Bas-reliefs*.

Deux personnages assis sous un édicule.

H^r 1 m. 38; L^r 0 m. 66.

Martyre de saint Laurent et de saint Vincent.

H^r 1 m. 18; H^r 1 m. 88.

Six apôtres.

XII° siècle.

H^r 0 m. 97; L^r 1 m. 53.

Cathédrale de Lausanne.

I 217-218. — *Heurtoirs de la porte occidentale*.

Têtes de lions stylisées tenant des anneaux.

XII° siècle.

Bronze

H^r 0 m. 50; L^r 0 m. 65.

Cathédrale de Bâle.

**I 219. — *Façade occidentale; statue équestre de saint Georges adossée au contrefort de la tour Nord.*

Armé de toutes pièces, au galop, de profil à droite, saint Georges transperce le dragon de sa lance.

Deux anges soutiennent un heaume au-dessus de sa tête.

XIV° siècle.

Cheval et cavalier :

H^r 2 m. 70; L^r 3 m. 35.

Dragon :

L^r 1 m. 20.

**I 220-221. — *Façade occidentale; statues adossées aux contreforts.*

Un homme jeune, en costume civil, tenant ses gants à la

main, répond au sourire d'une femme placée en face de lui. Celle-ci des deux mains ouvre son corsage et découvre son sein.

Dans le dos de l'homme qui apparaît à nu, grimpent divers reptiles. Des flammes sortent d'une petite gueule de monstre.

On voit dans ce groupe Satan et la Vanité mondaine. (Frau Welt) et ces figures se retrouvent, isolément ou ensemble, dans plusieurs édifices (Strasbourg, Fribourg-en-Brisgau, Worms).

xiv° siècle.   Hʳ 2 m.

Cathédrale de Lausanne.

I 222. — *Bas-relief décorant le tombeau élevé par le prince Grégoire Orloff à sa femme.*

Costumé à l'antique, un personnage renversé en arrière, s'appuie sur une urne ornée d'une guirlande de fleurs.
xviii° siècle. Marbre.   Hʳ 0 m. 50 ; Lʳ 0 m.37.

SYRIE

I 223. — *Détail d'un chambranle de porte, à* Babiska, Syrie Centrale.

Bandes d'entrelacs, rinceaux, motifs festonnés et rang de perles.   Hʳ 0 m. 50 ; Lʳ 1 m.

I 224-225. — *Petit tympan. Panneau à* Btirsa, S. C.

Tympan décoré de moulures de tracé plein cintre abritant la moitié d'une rosace qui semble être la déformation de la coquille antique.

Panneau divisé en six caissons rectangulaires dans lesquels s'inscrivent des tiges et des feuilles d'arum. Aux intersections, petits médaillons ornés de rosaces de feuillage.
Hʳ 0 m. 50 ; Lʳ 1 m. 10. — Hʳ 0 m. 55 ; Lʳ 0 m. 70.

I 226. — *Porte de tombeau à* El Barah, S. C.

Le linteau est décoré de rinceaux partant d'un médaillon central dans lequel est inscrit un chrisme lauré très déformé. Il est bordé à sa partie supérieure, d'une frise étroite de feuillages, à sa partie inférieure, de feuilles d'acanthe.
Hʳ 1 m. 40 ; Lʳ 2 m. 30.

I 227. — *Tympan à* **El Barah, S. C.**

    Arbuste stylisé.   H^r 0 m. 90; L^r 1 m. 85.

    Ces sculptures sont en méplat et à la tradition antique déformée se mêlent des éléments orientaux.

    v ou vi^e siècle.

Le Krak des Chevaliers (Kalaat et Hôshn).

I 227 bis. — *Inscription sur un contrefort du porche de la grande salle.*

            Sit tibi copia
            Sit sapiencia
            Formaque det[ur]
            Inquinat omnia
            Sola superbia
            Si comi[tetur].

                  (Mission C. Enlart, 1921).

    Milieu du xiiie siècle.

TCHÉCO-SLOVAQUIE

I 227^1. — *Statue équestre de St Georges, par Martin et Georges Kiss de Kolozsvar.*

    Cette statue exécutée vers 1373, fortement endommagée, restaurée et en partie refaite au xvie siècle, est actuellement placée au-dessus d'une fontaine dans la cour du château de Prague.

    Fin du xive siècle. Bronze.   H^r 1 m. 80; L^r 1 m. 80.

NORVÈGE

I 228-231. — *Boiseries conservées dans l'église d'Urnes* **(Sogn.).**

    Une porte. — Deux montants. — Une colonne.

    Ces boiseries, de provenance indéterminée, antérieures à la construction de l'église d'Urnes, dont la date peut être fixée vers 1100 environ, conservent le style de l'ornementation carolingienne.

    Bois.   Porte H^r 2 m. 75.

I 232. — *Porte de l'ancienne église de Flaa* **(Hallingdalen).**

    Baie tracée en plein cintre, s'ouvrant dans un panneau

rectangulaire couvert de rinceaux et d'animaux fantastiques. Colonnettes, chapiteaux et archivoltes chargés du même décor.

L'église de Flaa, élevée au xviie siècle fut démolie en 1854. Cette porte est conservée au Musée de l'Université de Christiania.

Fin du xiie ou commencement du xiiie siècle.

Bois. H^r 3 m. 67 ; L^r 1 m. 75.

I 233. — *Porte de l'ancienne église de Sauland* (**Thelemarken**).

De même décor que la précédente.

L'église de Sauland, élevée dans les premières années du xiiie siècle (1200), fut démolie en 1860.

Cette porte est conservée au Musée de l'Université de Christiania.

xiiie siècle. Bois. H^r 4 m. 75 ; L^r 1 m. 95.

Classés exceptionnellement avec les monuments de Norvège, les trois fragments suivants :

I 234. — *Croix du Cimetière de Kirk-Braddau* (**Ile de Man**).

Décor d'entrelacs mêlés d'animaux fantastiques. Sur la tranche, inscription runique.

Bois. H^r 1 m. 50.

I 235. — *Fragment d'un fût de croix.*

Décor analogue : Entrelacs et animaux fantastiques. Inscription runique.

Bois.

I 236. — *Frise de provenance indéterminée.*

Bois.

Cathédrale de Trondjhem.

I 237. — *Arcature d'une chapelle du déambulatoire.*

H^r 1 m. 10 ; L^r 1 m. 48.

I 238. — *Fragment d'ornementation d'un pied-droit de la même chapelle.*

xiiie siècle. H^r 0 m, 40

INDEX

DES NOMS DE PERSONNES ET DE LIEUX

TYPOGRAPHIE FIRMIN-DIDOT ET Cⁱᵉ. — MESNIL (EURE). — 1927.

SUPPLÉMENT AU CATALOGUE
DU MUSÉE DE SCULPTURE COMPARÉE

ADDENDA

B 30²ᵃ⁶. — *Chapiteaux de l'ancienne cathédrale de* **Bou-logne-sur-Mer.**
Crypte de l'église Notre-Dame.

B 283¹. — **Église St-Sernin de Toulouse.** *Fragments d'une table d'autel signée.*
Bernardus Gelduinus me sc.

B 283²·³·⁴. — *Bas-reliefs de marbre encastrés dans le mur du déambulatoire.*
Christ de Majesté. — Ange. — Apôtre.

B 288¹. — *Bas-relief provenant de l'église* **St-Sernin,** *conservé au Musée des Augustins.*
Signes du Zodiaque.

B 289. — La cuve entière de l'église de Vermand est maintenant exposée.

B 296¹. — *Cuve baptismale provenant de l'église de* **Wierre-Effroy,** *conservée au Musée de Boulogne-sur-Mer.*

C 167¹. — **Cathédrale de Reims.** *Bras Nord du transept.*
Tête d'une statue de roi.

C 223¹. — **Église de Villeneuve-l'Archevêque (Yonne).**
Portail nord. Ebrasement gauche.
L'Annonciation.

C 102ª. — **Église N.-D. de la Couture au Mans.** *Détail du linteau du portail ouest.*
Elus.

Don de M. Chappée.

D 167¹. — **Église Collégiale de St-Quentin.** *Partie de la voussure du portail.*

E 2¹ ª ⁶. — **Cathédrale Ste-Cécile d'Albi.** *Clôture du Chœur.*
Montant. — Statue de Judith. — Bustes de Jude et d'Élias. — Angelots.
2ᵉ partie du xvᵉ siècle.

E 100¹. — *Un porteur du tombeau de Phi ippe Pot. Grand Sénéchal de Bourgogne.*
Exécuté de 1477 à 1483 et provenant de l'église abbatiale de Citeaux.

(Musée du Louvre.)

F 56¹. — *Fragment du vantail d'une porte, ayant appartenu au Manoir des Gens d'armes de* **Caen.**

F 211¹ ª ¹⁰. — *Hôtel du Montat, à* **Riom.**
Quatre têtes décoratives masculines et féminines dans des médaillons circulaires. — Une tête masculine, une tête féminine, en guetteurs, dans des médaillons rectangulaires. — Vertus théologales en haut-relief.

F 300³. — *Buste de Christ en terre cuite.*

(Don de M. Chappée.)

G 31¹ ª ³. — *Trois bas-reliefs attribués à Clodion.*

(Don de MM. Jegoude.)

H 22². — *Temple du Parthénon, à* **Athènes.**
Frise des Panathénées.
2ᵉ partie du vᵉ siècle av. J.-C.

H 35¹. — *Statues provenant des fouilles du " Palais du Miroir " à* **St Romain-en-Gal (Rhône).**
Collection particulière.   (Don de M. Kalebdjian.)

ERRATA

B 17. — Au lieu de H^r 3^{m}50, lire H^r 6^{m}50

B 32. — Au lieu de décolé, lire décoré.

B 143. — Au lieu de B 143$^{4.5.6.7}$, lire B 143$^{4.5.6}$.
Au lieu de B 143^8, lire B 143^7.

Page 64. — Au lieu de A 242, lire B 242.

B 298. — Ce chapiteau provient de la cathédrale de Sens
et doit être rapproché des chapiteaux B 236$^{1.2}$.

D 65. 67. — Au lieu de Panneaux encadrés, lire Dais.

D 81. — Avant Episodes du Miracle de Théophile, ajou-
ter IV.

D 131. — Au lieu de Tour méridional, lire Tour méridionale.

D 194. — Au lieu de statue, lire statuette.

E 3. 5. — Au lieu de statue, lire statues.

E 27. — Le nom de Louis II de Bourbon a été également
proposé.

E 57^1. — Au lieu de statue, lire statuette.

E 58. 60. — Au lieu de statue, lire statues.

E 89. — Au lieu de fit, lire fist.

E 182. 183. — Ces deux statuettes ont été acquises par le
Musée du Louvre.

Au lieu de F. 14. 14, lire F 13. 14.

F 57. — Au lieu de trumeaux, lire trumeau.

F 177. — Au lieu de Charles IX, lire François II.

F 178. — Au lieu de Henri III, lire Charles IX.

Au lieu de E 181, lire F 181.

G 89. — Faussement attribué à Coyzevox, le buste de
J.-B. Colbert est de Nicolas Coustou.

G 147. — Au lieu de Duquesnoy (1748-1795), Château de
Versailles, lire Adrien Duquesnoy. Député
aux États Généraux (1759-1808). Musée du
Louvre.

H 16¹. — H^r 0^{m}50, L^r 0^{m}90.

H 20. — Au lieu de à Egine, lire provenant du fronton
occidental du temple d'Athéné, à Egine.

H 22¹. — H^r 1^{m}50, L^r 0^{m}90.

I 142. — L^r 1^{m}30.

I 213¹. — H^r 2^{m}30.